数学师范生科创素养培育

探索与实践

主编　程晓亮

参编　郑　晨　郝连明　杨艳秋　滕　飞　陆媛媛

北京大学出版社

PEKING UNIVERSITY PRESS

图书在版编目(CIP)数据

数学师范生科创素养培育：探索与实践/程晓亮主编. —北京：北京大学出版社，2022.8

ISBN 978-7-301-33172-9

Ⅰ.①数…　Ⅱ.①程…　Ⅲ.①数学教学－师资培养－研究　Ⅳ.①O1-4

中国版本图书馆 CIP 数据核字（2022）第 135018 号

书　　　　名	数学师范生科创素养培育：　探索与实践	
	SHUXUE SHIFANSHENG KECHUANG SUYANG PEIYU: TANSUO YU SHIJIAN	
著作责任者	程晓亮　主编	
责 任 编 辑	张　敏	
标 准 书 号	ISBN 978-7-301-33172-9	
出 版 发 行	北京大学出版社	
地　　　址	北京市海淀区成府路 205 号　　100871	
网　　　址	http://www.pup.cn	
新 浪 微 博	@北京大学出版社	
电 子 信 箱	zpup@pup.cn	
电　　　话	邮购部 010-62752015　发行部 010-62750672　编辑部 010-62752021	
印 刷 者	三河市北燕印装有限公司	
经 销 者	新华书店	
	730 毫米×980 毫米　16 开本　10.25 印张　184 千字	
	2022 年 8 月第 1 版　2022 年 8 月第 1 次印刷	
定　　　价	38.00 元	

内 容 简 介

　　本书基于数学学科,探讨师范生科创素养的培育问题.主要讨论了数学学科与科创素养的内在联系,基础教育对数学教师科创素养的要求,数学师范生科创素养培育的途径;从设计理念、设计思路、设计途径和设计实施等角度出发,阐述了如何基于科创素养的培育体系设计数学师范专业的人才培养方案;基于数学专业课程及数学教育教学课程,探索了基于科创素养培育的教学大纲设计、教学设计理论以及教学案例设计,如何基于第二课堂活动培育数学师范生的科创素养,并进行了教学案例分析;讨论了师范生科创素养养成意义下中学数学教学设计案例.另外,上述理论阐述中整合了作者单位在具体科创素养培育中的建设成效.

作 者 简 介

程晓亮,吉林师范大学数学学院教授,硕士生导师,院长,"卓越教师班"班主任.博士毕业于首都师范大学;休斯敦大学、雪城大学访问学者.研究方向为多复变与复几何、数学教育,曾获吉林省科技进步三等奖,吉林省高校青年教师教学竞赛一等奖.出版教材或译著 20 余部.主持"文史哲与艺术中的数学"国家级一流本科课程.

郑晨,东北师范大学博士毕业,研究方向为数学教育,吉林师范大学讲师.

郝连明,北京师范大学博士毕业,研究方向为数学教育,吉林师范大学副教授.

杨艳秋,吉林大学博士毕业,研究方向为概率统计,吉林师范大学教授.

腾飞,首都经贸大学博士毕业,研究方向为博弈论,吉林师范大学教授.

陆媛媛,中国人民大学博士毕业,研究方向为最优化理论,吉林师范大学教授.

目　　录

绪　　论

一、数学学科与科创素养

　　数学源于对现实世界的抽象,基于抽象结构,通过符号运算、形式推理、模型构建等,理解和表达现实世界中事物的本质、关系和规律.数学通常被认为是以研究数量关系和空间形式为主的一门科学.数学与人类生活和社会发展紧密关联.数学不仅是运算和推理的工具,还是表达和交流的语言,承载着思想和文化,是人类文明的重要组成部分.数学是自然科学的重要基础,并且在社会科学中也发挥着越来越大的作用,其应用已渗透现代社会及人们日常生活的各个方面.随着现代科学技术特别是计算机科学、人工智能的迅猛发展,人们获取数据和处理数据的能力都得到极大的提升.伴随着大数据时代的到来,人们常常需要对文本、声音、图像等反映的信息进行数字化处理,这就使数学的研究领域与应用领域得到极大拓展.数学直接为社会创造价值,推动社会生产力的发展.数学在形成人的理性思维、科学精神和促进个人智力发展的过程中发挥着不可替代的作用.数学素养已经成为现代社会每一个人必须具备的基本素养.

　　数学学科核心素养是数学课程目标的集中体现,是具有数学特征的思维品质、关键能力以及情感、态度与价值观的综合体现,是在数学学习和应用的过程中逐步形成和发展的.数学学科核心素养包括:数学抽象、逻辑推理、数学建模、直观想象、数学运算、数据分析.这些数学学科核心素养既相互独立,又相互交融,是一个有机的整体.

　　数学教学的重要目的在于培养学生的数学思维能力,而数学思维能力反映在通常所说的数学思维品质上.数学思维品质是数学思维结构中的重要部分,是评价和衡量学生思维优劣的重要标志.数学思维品质主要是:广阔性、深刻性、灵活性、敏捷性、概括性、间接性、问题性、复合性、辩证性、批判性、独创性和严谨性.

　　科创素养是科学技术创新素养的简称,是人的一种能力的综合体现,这种能力主要体现在科学的精神观念、系统知识与应用能力的相互融合.因此,科创素养也可以从科学、技术、创新三方面来进行理解.科学注重于理论层面的研究,技术注重于实践中的应用,创新注重于一种意识观念.科学理论指导实践中技术的合理应用,技术通过实践应用验证科学理论的合理性和价值,两者相辅相成.创新则是科学和技术的内驱力,体现着科学技术的价值和核心精神.

培养学生的科创素养是教育的重要目标,关系到未来社会创造力的整体水平.科创素养主要包括科创意识、科创兴趣、科创知识、科创能力和科创精神,这些内容表明科创素养的培育不是一蹴而就的,需要科创兴趣的引导、科创知识的积累以及转化为能力的实现,从而上升为精神层面中的思维模式和行为模式,整个过程循序渐进、相互融合.数学学科作为重要的基础科学,将科创素养的培育融入其教学过程,是高等教育重视培养大学生的创新能力、实践能力和创业精神在现实教育中的重要实践.

二、基础教育对数学教师科创素养的要求

当今,"科技是第一生产力"这一论述已是众人皆知,但是在我国高等教育中仍然广泛存在着"科研是科学家、工程师的事"这样的意识.在知识经济、信息化社会的今天,我国要建设科技强国,必须提高公众科创素养,这就需要在基础教育阶段加强创新能力的培养.

现代科学技术的发展表现为知识既高度分化又高度综合,知识的综合化是主要趋势,反映在基础教育上,就是各学科的知识联系越来越密切.随着素质教育的全面实施,要求培养学生的综合能力,数学教师仅有本学科的专业知识是不够的,必须具有综合的知识结构.如果说其他高等教育是在"广"和"博"的基础上尽可能地"专"和"精",那么师范教育则应当是在针对未来中小学教师的专门性的基础上尽可能地"广"和"博".随着基础教育改革的深入,现在小学课程已实现了综合化,初中课程已达到一定程度的综合化,高中课程的改革正在推进.《普通高中课程方案(2017年版2020年修订)》中明确指出了各学科课程标准制定的指导思想和基本原则,要求课程要反映先进的教育思想和理念,关注信息化环境下的教学改革,关注学生个性化、多样化的学习和发展需求,促进人才培养模式的转变,着力发展学生的核心素养.根据经济社会发展新变化、科学技术进步新成果,及时更新教学内容和话语体系,反映新时代中国特色社会主义理论和建设新成就.在这种背景下,如果高等师范院校的课程还停留在学科指导下的课程分类模式,则难以适应新的变化.当前我国高等师范院校正处于改革和发展的关键时期,高等师范院校不仅要注重学科知识的传授,还要特别加强提升师范生的科学与人文学科交融的素养,培养师范生的综合素质,为基础教育培养一流的中小学教师.

教育的目的是促进人的全面发展,所以我们要重视师范生专业学科知识和通识知识的教育.只有将科学素养与人文素养相融合,才能在真正意义上全面提高师范生的综合素质.

从学科地位的层面看,自然科学在人类科学系统中处于基础和前提地位,它的发展可以成为社会人文科学发展的理论先导,并为社科人文的发展开拓新的研究领域,提供新的研究技术条件.当前学科发展的现实已证明现代自然科学与工程技术为社会科学提供了越来越多的研究方法与技术手段,自然科学的概念也日益渗透到社会科学中,促进了社会科学不断由定性描述为主向定量化研究的发展.人文社会科学要逐步走向成熟、完善和现代化,就必须学习和吸收自然科学的研究范式和方法.同样,师范生也需借鉴自然科学的思维方式,以健全和发展自己的思维.未来社会的发展必然符合"科技发展是第一生产力"的规律,师范生也必然要在日新月异的社会变迁中,在强化自身专业的同时,为传播科技知识做好准备.

从知识需求的主流看,现今社会需要的是科学素养与人文素养全面发展的高素质人才.师范生作为高等教育培养的高层次人才,必然是未来社会的建设者、科技发展的推动者、现代文明的传播者.数学是人类文化的重要组成部分,数学素养是现代社会每一位公民都应该具备的基本素养.作为促进学生全面发展教育的重要组成部分,数学教育既要使学生掌握现代生活和学习中所需要的数学知识与技能,更要发挥数学在培养人的思维能力和创新能力方面的不可替代的作用.

从教育创新的角度看,创新能力与开拓精神更多地来源于自然科学和人文社会科学的碰撞与交流.创新意识的培养是数学基础教育的基本任务,应贯穿于数学教与学的整个过程.学生自己发现和提出问题是创新的基础;独立思考、勤于思考是创新的核心;归纳概括,得到猜想和规律,并加以验证,是创新的重要方法.创新意识的培养应该从义务教育阶段做起,体现在教育的方方面面.长期以来的"专才教育"模式割裂了自然科学和人文社会科学之间的联系,造成师范生除本专业学科知识外科学素养不高的状况.因此,师范生需要加强科学素养的培养和两个学科群领域知识融合交汇的能力,这样才能在今后工作中很好地向自己的学生传播科学知识、科学方法以及科学创新精神.

三、数学师范生科创素养培育的重要性

1. 培育数学师范生科创素养是提高教育质量的必然要求

科技已经成为当今社会发展的核心力量,师范生作为未来知识传播的主体需要学习掌握科技发展的历史,了解当代科学和技术的最新发展,接受科学思维方法的熏陶和提升科学精神.针对数学师范生的特点,从教学目的、教学内容和

教学方法入手,有针对性地开展教学,才能发挥科创素养培养的应有作用.

众所周知,现代科学技术的新成果,被广泛应用于国民经济和人们社会生活的各个方面,改变了社会的生产方式、人们的生活方式与思维方式,时至今日,人们无不感受到科学技术的巨大动力及其带来的恩惠.这也对当下高校师范生的培养提出了更高的要求.师范生不仅应当具有某一个专门领域的知识和技能,而且还要认识到不同学科之间的联系,更要有将历史与未来、人文与科学、理论与经验、个人与社会紧密结合的能力.师范生要学习全面看待科学和技术的作用,对它们现存和隐含的负面效应保持警醒,要有对人类命运的责任感.

现有的教学内容体系,注重的是对具体科学结论的罗列介绍,知识体系庞杂宏大,这些恰恰是师范生最头痛的,对于他们来说也是最难以理解和掌握的,而对于科学思想、研究过程、科学方法、各个学科间的联系、知识发展的过程却极少涉猎,或者过于简要,然而对于师范生而言这些内容才是理解科学思想的最重要的方面.在教学内容中,尤其对科学研究中的一些不可缺少的思想和方法着墨较少,而且没有对著名科学家从事科学研究的个案分析,使得讲授的内容空洞,科学研究、发现变得枯燥无味.没有科学伦理的教学内容,使人觉得科学研究工作不需要道德准则,就会造成学生在未来的研究中缺少基本的科研伦理修养和规范意识.由此可见,师范生科创素养的提高是提高教学质量的必然要求,忽视科创素养必将造成教学质量的缺失.

2. 培育数学师范生科创素养是师范生自身发展的重要内容

科学文化对价值观的构建作用不仅在于它直接影响人的理性思维判断,而且在于它的发展和进步作为人类认识世界、改造世界的动力,给整个人类社会结构、文化结构带来了巨大变化,并通过这种变化影响着人的整个心理结构及社会价值观念的发展与进步.试看从刀耕火种的原始社会到当今的大科学时代,几乎每一种文明的发展都是以科学文化的发展和进步为基础的.科学的发展不仅创造了物质财富,也创造了精神财富.它改变了整个社会结构及其组织形式,并以此为中介,代表着一种价值体系,影响着人的整个心理结构与意识形态的发展.

历史一再证明,每一个新科学里程的开启不仅会带来一种新的文明、价值体系,而且还会使人们产生新的思想、观念,产生新的追求和价值思维判断,帮助人们构建新的理想、目标和信念.科学文化的这种进步是比任何道理说教和抽象的思辨都有力量的.特别是当代,哪个国家的国民拥有最高的科学文化素质,哪个国家便能走在世界的前列.同样,没有高水平科学文化素质国民的国家是不能引领现代文明的.

开展科创素养教育是数学师范生自身发展的内在要求.这是由如前所述的科学文化在人生价值观的构建中所具有的基本功能所决定的.正是因为这些功

能的存在,才能够为数学师范生提供量化知识和量化技能,提供一些模型化方法、公理化方法、实验方法以及高度简洁、统一、和谐的美学方法,这些方法帮助他们弥补直觉思维、形象思维的偏颇,训练他们的科学思维、逻辑思维和创造思维的能力,培养他们的科学精神,进而使他们形成严谨、细腻、坚毅、务实、追求真理等优秀品格.大学生正处在青年中期,心理渐趋成熟,世界观、人生观、价值观正处在形成过程之中.在这个时期,适时地通过开展课内外各种形式的教育活动,在数学师范生的以科学知识为主的知识结构中熔铸进人文知识,对于他们的马克思主义人生价值观的构建具有极其重要的作用.

四、数学师范生科创素养培育的基本途径

1. 构建开放课程体系,促进课程融合

第一,重视教育类课程,增加教育实习的时间.高等师范教育必须重视教育类课程对培养教师的作用.实际上,中学教师缺少教育教学能力已成为制约基础教育新课程实施的瓶颈.要突破这一点,师范生教育类课程的设置应使学生通过教育理论的学习树立科学的教育理念,深层次地认识教育规律,通过教育技能课程的学习掌握教学及教学研究的方法,提高教学与教学研究的全面能力.此外,高等师范教育应重视实践课程,增加教育实习时间,改变目前教育实习时间短的现状,为师范生成功地过渡为新手教师打下良好的基础.

第二,开放课程资源,完善师范生的知识结构.高等师范教育要为基础教育培养具有综合知识的人才,就要改变目前高等师范教育中各系、各专业之间教学相互隔离、学生知识面狭窄、知识结构单一的现状,开放各系的课程资源,为师范生提供广阔的学习空间.数学师范生可以选修一些文学艺术课程,从而完善自身的知识结构.

第三,课程设置在时序上同步、空间上融合.数学学科专业课程与教育类课程同步设置,有助于数学师范生尽早地树立职业意识,自觉地从职业角度去学习和掌握学科专业知识,为今后从事教育工作奠定基础.专业课教师应从高等师范教育的培养目标出发组织教学,在教专业知识的同时教学生传授专业知识的方法,并引导学生主动参与积极实践,实现学科教学与教学实践在空间上的融合,全面提高学生的教学实践能力.

2. 强化科学课程教育

第一,重视科学技术基础知识的传授.一方面,进行基础教育,使数学师范生理解、掌握基本的科学事实、科学概念、科学方法、科学原理和规律,并能运用所学知识解释生产和生活中的有关现象,解决遇到的各种实际问题,了解科学技术在生活中的应用及其对社会发展的作用;另一方面,在讲授经典科学内容的同

时,应该增加科学教育的容量,不断充实科学教育内容,把最新的科学发展动态、研究成果、科技应用等及时地介绍给学生,加快课程和教材建设步伐,以适应科学发展的新要求,开阔学生的科学视野.

第二,加强科学方法教育.数学师范生的科学方法教育应结合数学专业学习进行,掌握科学方法中的哲学方法、一般方法和具体方法.通过科学方法教育,使数学师范生比较全面、系统地了解常用的科学方法及其在科学发展中所起的作用,掌握具体的科学方法,并进行必要的科学思维训练,包括严格的逻辑思维训练和非理性、非逻辑的创造性思维训练,培养学生运用方法解决科学问题的能力及创造性解决问题的能力.

第三,增加科技实践活动.首先,就课堂教学而言,可以尽量增加演示实验的数量,尽可能地将实验室向学生开放,给学生以实验的场所和时间保证.其次,在课外举办各种科技实践活动,结合专业学习,建立各种科技兴趣活动小组,举办系列科普讲座,进行科技制作比赛.最后,让学生参与教师的科研课题研究工作,在教师的指导下进行较为全面的科学实践训练.通过参与各种科技实践活动,可以使数学师范生更好地领悟、掌握科学知识和科学方法,培养良好的科学品质,树立正确的科学价值观.

第四,营造良好的科学教育环境.良好科学教育环境的建立需要广播、电视、报刊、杂志、网络、科技馆、博物馆、图书馆等社会力量的全力参与和支持.社会各界力量的参与,可以形成多层次、全方位、多渠道的立体式科学教育体系.首先,我们要营造生动活泼、勤奋学习、崇尚科学、学术自由的校园文化氛围.我们可以通过组织举办校园科技节、体育节、文化节等活动,丰富数学师范生的学习生活,活跃校园科学文化氛围.其次,要着力于营造良好的科学教育环境,在全社会形成崇尚科学的风气,积极传播科学知识,弘扬科学精神,批判伪科学和封建迷信等行为.

3. 优化科创教学活动,提高评价成效

为达到提高数学师范生自主创新能力的目标,要不断提升学校的办学水平和办学层次,绝不单纯开展活动,要在实践过程中达到预期目的,活动注重反馈、评价机制的建立,搭起既重过程,又重结果,既遵循教育的规律性,又注重教育的发展性评价平台.

第一,注重观念上的突破.打破传统的教师自己讲的模式,更大效用地发挥学生在课堂上的主导引领作用.要真正确立学生主体观,提升学生的主体地位,提高课堂教学效率,对于能让学生思考的内容,就让学生主动思考、表述,以激发他们表达内心感受与想法的欲望,调动他们的积极性.

第二,提高考评工作的效度.开展的科技创新活动、假期实践活动,在计划和实施过程中,都要建立起严格的考核、回馈制度,有目的地开展活动,争取在活动中取得最大的效益.对于活动的开展也要进行全程跟踪,以达到活动效益最大化,在活动中提高学生对于科技精神的领会以及动手实践能力.

4. 适应时代变革,加快教育转变

第一,实现从"专业"教育向"通识"教育的转变.专业教育是为培养"专才"服务的教育模式,其对师范生的培养要求是具有某一方面的专门学科知识.但席卷全球的信息化浪潮已经开始猛烈冲击已显陈旧的传统理论体系和运行框架.信息化社会要求教师不仅是有知识、会传授的师傅,更要求其成为知识结构合理、懂教育、会管理的指导者、组织者、管理者.这种教师角色的转化,正是未来社会教育要求在高等师范教育中的表现.作为指导者,教师要有渊博的知识,懂得学生心理,善于发现学生的特长,掌握教育过程中的各种变化,并根据具体情况适当指导.作为组织者,教师要了解学生,具有较高的组织能力和领导能力,善于调动学生学习的积极性和主动性.从专业教育向通识教育的转变,不仅强调知识结构的"专",更强调教师能力结构和素质结构的"通".究其本质,这是高等师范教育人才培养由应试教育向素质教育的转变.

第二,实现从共性教育向个性教育的转变.机器大工业文明对教师知识和能力的共性特征的要求形成高等师范教育的统一模式.而当这一模式的时代基础发生变化时,高等师范教育模式的变化就成为必然.在当代,"为创造性而教"是教育追求的共同目标,而创造性本身正是人类存在的最高价值体现.创造性是以主体性为前提而以个性为其最基本特征的.创造性的个性存在特征,促使教育理论发生深刻变化.传统高等师范教育理论是建立在教师的共性特征基础之上的.以此为依据,从教育思想到教育观念、从教育内容到教育方法、从教育组织形式到教育技术手段,教育总是在追求共性的发展.人的个性的张扬是信息时代对人的要求之一,高等师范教育从共性向个性的转变,为整个教育的"适应"与"超越"奠定了坚定的基础且其必将在教育发展的这一过程中扮演先行者的角色.就此而言,高等师范教育已改变了其本来的意义.

第三,实现从知识传授型向创造力培养型师资培养模式的转变.教育实践的目标是要培养学生的创造能力,那么教师首先要具备这种能力.传统高等师范教育的人才培养模式是与传统知识教育相适应的,但当我们经历了现代教育哲学的启迪和洗礼,从人类教育的发展历程中认识到创造教育的价值之光后,应对传统高等师范教育做一番理性的反思与检讨.高等师范教育承担的巨大历史责任要求其必须具有高度的主体意识,并着眼于我国教育的未来发展.因此,在确立"为创造性而教"的目标之前,高等师范教育须首先实现自身的"超越",即实现由知识传授型向创造力培养型师资培养模式的转变.

第四,实现从专业对口的被动就业观向适应教育要求的主动择业观的转变.我国师范教育长期被看作高等教育中的一块"圣地",但在市场经济的今天,如果还将高等师范教育看作被保护的"圣地",那是不现实的.事实上,用理性的眼光审视传统的高等师范教育就会发现,不仅传统的专业结构划分已严重制约了高等师范教育的发展,且这种过细、过窄的知识分割方法,使师范生学到的仅仅是一些条块状的零碎知识,而非网络状的能力结构.因此,不管是基础教育改革发展的趋势,还是当代学科发展中的高度综合化趋势,必然要求教师首先具备综合运用知识解决实际问题的能力和素质.所以,以与未来社会科技发展相适应和自身的"超越"为出发点,改革专业结构和课程设置,转变传统高等师范教育的"被动就业观"为"主动择业观",将是师范教育发展的合理性抉择.

第一章　基于科创素养培育的数学专业培养方案设计

人才培养方案是高校各专业进行人才培养的直接抓手,也是最直观的行动指导.人才培养方案在制订和设计中往往体现多方价值、多方利益,同时还要以当下和未来的教育发展目标为理念指导.在大众创新、万众创业的背景下,创新能力已经成为高等教育人才的必备能力,人才培养方案中势必要给予充分的重视和体现,这样才能在教学中将科学技术创新能力、创新素养、创新意识等融入学生的成长过程中,形成内化到学生能力结构中的必备品格.由此可见,专业人才培养方案的设计对于实现科创素养的培育十分关键.数学师范专业作为师范性质的专业,其创新显现程度显著弱于工程类、理工类等自然类的学科专业,但是在创新意识、创新素养上的要求也同样存在.对于数学师范专业而言,基于学科的创新主要体现在如何在教育活动中创新,如何在基础教育中培养学生的创新意识,这是一种教育视角下的创新能力体现.基于此种理解,数学师范专业教学团队要在人才培养方案中有机融入科创素养培育的设计理念,实现数学师范专业人才的科创素养培育.

第一节　设　计　理　念

2016年教育部颁布的《教育信息化"十三五"规划》中明确提出,要积极探索信息技术在跨学科学习(STEAM教育)以及创客教育等新的教育模式中的应用,着力提升学生的信息素养、创新意识和创新能力.科创教育是一种将创客教育和STEAM教育融合在一起,并以跨学科学习为主的创新型教育.当今世界,科学技术发展异常迅猛,科技竞争已成为国家竞争力的核心.教育大计,教师为本.因此,将科创素养的培育纳入师范教育体系势在必行.2017年,教育部开始实施师范类专业认证,旨在帮助教师教育专业不断完善师范类专业认证的评价体系,科学合理地制订专业人才培养方案,进一步促进师范专业的发展,提高教师教育人才培养质量.根据认证要求,教师教育专业需要修订与优化人才培养目标、人才培养体系、课程体系设置等诸多方面，形成符合认证要求的人才培养方案. 人才培养方案是人才培养的基本依据，规定了学生所修课程、学分、学时等一系列宏观和微观问题.

那么，在科创素养和师范专业认证的背景下，数学教师教育专业应该如何修订人才培养方案？人才培养方案中包括哪些内容？各项内容之间存在着什么样的逻辑关系？本文将结合作者自身的实际工作对上述问题进行讨论.

一、科创素养培育在师范类专业认证背景及评价体系下的认知

师范类专业认证作为一种对专业教育进行质量评估的制度，对保障专业教育的质量起着重要作用，因其优越的专业性特征而逐渐成为国际通行的评估制度. 从教育评价的视角看，师范类专业认证仍属于教育评估范畴. 只是在这个评价体系中，评价的对象既不是学校也不是学生，而是教师教育专业自身. 师范类专业认证制度始于西方国家，以美国为例，从 20 世纪 50 年代就开始对教师教育专业开展认证工作，并形成了联邦、州、地方政府三级认证体系. 美国历史上先后有 200 多个教师教育专业认证机构，后经协调融合成立了全美教师教育认证委员会（National Council for Accreditation of Teacher Education，简称 NCATE）. 为了进一步完善教师教育专业认证过程，鼓励多样性人才培养，1997 年又成立了教师教育认证委员会（Teacher Education Accreditation Council，简称 TE-AC），主要对教师教育项目进行评估. 从严格意义上讲，美国并没有类似我国的师范类专业，教师的培养主要依托各级各类的项目完成，所以美国开展的教师教育专业认证实质上是对各个教师教育项目的评价. 由于各个项目的决策权在学校或者是专业委员会，受到政策、经费、理念等因素影响随时都可以取消或者扩大，灵活性非常大，这就给认证工作带来较大影响. 为了平衡多方利益，解决不同认证单位在标准、程序等方面存在的差异问题，2013 年又成立了全美教师培养认证委员会（Council for Accreditation of Educator Preparation，CAEP），接替 NCATE 和 TEAC，成为美国目前唯一的教师教育专业认证机构.

相比较而言，我国的教师教育专业认证起步较晚. 2000 年后朱旭东等一些学者开始讨论教师教育专业认证工作，并对具体的认证工作提出了构想. 2011 年教育部开始逐步酝酿师范类专业认证，陆续出台了《教师教育课程标准（试行）》《中学教师专业标准（试行）》等政策文件. 2014 年开始在江苏、广西试点实施专业认证，2016 年前期试点工作完成，2017 年 10 月 26 日，教育部印发了《普通高等学校师范类专业认证实施办法（暂行）》（以下简称《实施办法》），我国普通高等学校师范类专业认证工作自此拉开序幕. 《实施办法》将认证划分为三个等级，一级为数据填报，属于基础性办学资格审核，二级、三级为专家进校考查,以教师资格证通过率为硬性指标,其中二级认证重在规范,属于合格达标;三级认证重在建设一流师范类专业,树立专业标杆,属于卓越水平.自 2018 年 10 月以来,北京师范大学、东北师范大学、南京师范大学、首都师范大学等学校多个专业先后完成认证示范工作,为全国大范围认证积累了宝贵经验.2019 年,教育部正式公布了首批通过的 2 个三级认证专业和 60 个二级认证专业,共涉及汉语言、思想政治、数学、教育技术等 16 个专业方向,其中有 6 个数学与应用数学专业通过二级认证.

　　根据《实施办法》的要求,对小学教育、学前教育、中学教育实施三级专业认证,认证结果分为通过、有条件通过、不通过三类,有效期 6 年.《中学教育专业认证标准(第二级)》是国家对中学教育专业教学质量的合格性要求,主要依据国家教育法规、《中学教师专业标准(试行)》和《教师教育课程标准(试行)》制定.该认证标准适用于培养中学教师的本科师范类专业,共分为 8 个一级指标,38 个二级指标,以及若干个定性和量化评价点,具体如图 1-1 所示.

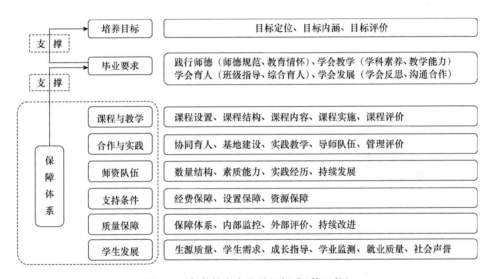

图 1-1　中学教育专业认证标准(第二级)

　　通过对《中学教育专业认证标准(第二级)》的解读,可发现该认证标准主要有三大特点.第一,定性为主,定量为辅.例如,在培养目标中,要求能够"反映师范生毕业后 5 年左右在社会和专业领域的发展预期,体现专业特色".具体的"预期"是什么,由专业而定,例如达到熟手型数学教师还是专家型数学教师,或是能够开展数学教育研究工作的学者型教师.另外,在达标要求上也是以定性为主,课程设置中要求"课程结构体现通识教育、学科专业教育与教师教育有机结合;理论课程与实践课程、必修课与选修课设置合理".除了定性方面的要求外也有少量的定量要求.例如,在师资队伍中要求"生师比不高于 18：1；硕士、博士学位教师占比一般不低于 60%,其中学科课程与教学论教师原则上不少于 2 人".类似这样的明确量化要求虽然不多,但每一条都是考核的重点,也是数学教育教学专业自身建设要着重关注的.第二,评价体系逻辑关系严密.评价指标分为八个方面,几乎涵盖了专业人才培养过程的全部要素.不同方面的评价要素不是简单罗列,而是具有严密的逻辑关系的.整体看,以培养目标和毕业要求为主要目标指向,考察人才培养质量；其余则构成了保障体系,用以保障人才培养全过程,涉及课程、师资、制度等多方面.另外,在培养目标中也构建了严密的逻辑体系,形成了培养目标和课程体系之间的逻辑对应,将包含理论、实践、实验在内的所有课程与培养目标搭建内在对应链条,使每一门课程都能追踪到其在培养目标中的价值定位.第三,强调职业胜任能力.认证评价指标虽然从多个方面考核专业的人才培养能力,但最终目标还是关注专业的人才培养质量.从毕业要求到 5 年预期的层层目标设置,都在不断凸显职业胜任能力的重要性,将教师职业的基本要求作为人才培养的首要任务.这种评价导向也与认证的产出导向理念吻合,直接指向人才培养质量这一最重要评价维度.科创教育作为人才培养质量的重要评价指标,在培养方案中要给予足够重视,才能在最终人才评价考核中实现达标.

二、科创素养在师范类专业认证中的理念体现

师范类专业认证标准的颁布显示出我国高等教育评估体系的进步和完善,整个认证标准体系是基于产出导向的理念构建的.国家实施师范类专业认证的目的就是要强化师范院校特色,要求学校一方面要遵循师范生成长发展规律,推进教师教育专业化建设；另一方面要创新发展模式,办出有特色的师范类专业.对于地方师范院校而言,无论是师范类专业认证标准还是评价体系,在培养目标上都要符合地方师范院校对人才培养的要求,在课程体系上要注重培养师范生的学科素养,以培养学生的应用能力为主线,并注重创新能力的培养.基于师范生核心素养发展的实际需求,科创教育实践促进了师范生科学素养的提升.构建具有教育性、创造性的科创实践活动,激励师范生主动参与、主动思考、主动实践、主动探索、主动创造,可以促进师范生科创素养全面提高.

根据师范类专业认证标准,数学教师教育专业要在把握构建主线、设置课程体系、落实技术路线等核心操作基础上设计人才培养方案.具体设计过程中应以能力为主线,结合基础教育需求设定人才培养目标,并细化为总目标、5 年预期目标和毕业要求；以模块化方式设置课程体系,厘清具体课程与培养目标之间的逻辑关系；以反向设计为技术路线,打通课程目标与总体目标之间的内在衔接

等.虽然在师范类专业认证的达标要求中给出了较多的评价指标、评价模式,但并不影响科创教育与之有机融合.科创教育作为一项人才培养的要求,并不是单单某一门课程、某一项活动、某一个赛事就能完成的,而是需要在人才培养目标点设定上、人才培养理念上有所体现,并落到实处.基于这种认识,数学教育教学专业人才培养方案的设计理念不仅要满足师范类专业认证的要求,还要在此基础上与科创教育相结合.科创教育需要经过比较精细的设计,在人才培养方案的设计中从培养目标,到课程模块的建构,再到具体实施课程的选择等方面都融入科创教育.例如,在培养目标中要求学生具有创新意识和能力,在课程模块中能够有所突破,人文课程和自然科学课程同时提出要求,增加选修课比例,增加教育实践的机会和时间,在具体的课程中创新考核模式,培养学生创新意识,等等.因此,人才培养方案的设计过程要与科创教育相融合,将科创教育的过程与人才培养的过程统一,这样人才培养方案才能既满足师范类专业认证的要求,又能够实现科创素养培育的目标.

第二节　设　计　思　路

人才培养方案是安排教学内容、组织教学活动、进行教学管理和质量监控、推进教育教学改革的纲领性文件.人才培养方案不同于人才培养模式.人才培养模式是由若干要素构成的,具有系统性、目的性、中介性、开放性、多样性与可仿效性等特征的,有关人才培养过程的理论模型与操作样式.相对而言,培养方案更为具体,涉及课程体系、教学安排等具体内容,所以也有学者认为培养方案是培养模式的实施表现.如果说培养模式是人才培养的宏观问题,培养方案就是中观问题,教学大纲、教学方法、评价方法等则属于微观问题.从学科专业管理者角度看,培养模式重在理念、制度,难以具体把握和测量,有时受学校影响较大.而微观的实际教学活动往往受教师个体因素影响较大,高等教育中教师教学形式的统一性远远弱于基础教育.因此,学科专业管理者想通过宏观和微观来影响人才培养就略显困难,变量过多.相比之下,学科专业对培养方案的操控性较强.培养方案由学科专业决定,同时具有很强的执行性,既能保证人才培养过程的规范,又能凸显学校的专业特色.由此可见,人才培养方案的设计或者修订不仅是师范类专业认证的需要,也是师范类专业进行人才培养的需要.关于人才培养方案的设计,有学者认为包含三大核心要素:构建主线、课程体系、技术路线,也有学者将其总结为具体实施的步骤.事实上,在人才培养方案的制订或者修订中还有很多环节和步骤,但上述三项最为关键,直接决定着人才培养方案的质量.下面将结合实际工作逐一探讨.

一、融入科创素养培育的人才培养方案构建主线及培养目标

科创教育已经逐渐成为基础教育课程改革的趋势,在此背景下,教育教学专业课程的人才培养方案目标设计也应该在科创素养的背景下进行全新的构建.所谓人才培养方案构建主线是指为让学生形成合理的知识、能力、素质结构而设计的一种发展线路或者路径.可以进一步解释为人才培养过程中是以学科知识为主线,还是以能力培养为主线,抑或是以其他目标为主线.显然,对教育人才的培养更应该关注学生的能力培养,而不能以学科知识为主线.当前,师范类专业认证以"学生中心,产出导向,持续改进"为理念,主要目标是关注学生培养质量,在具体的人才培养中要关注数学教师教育专业毕业生"学到了什么"和"能做什么",而非"高校教了什么".认证理念同关注学生能力的培养实现了契合,也可以说是对能力培养主线的进一步强化.但是究竟如何才是以能力培养为主线呢?这就需要在培养目标中给予体现.培养目标是人才培养的方向,同时培养目标的达成也是评价专业办学质量的最终考量.人才培养目标并非天生存在,是基于办学类型、办学层次、办学水平等现实条件与价值判断对人才培养想要达到的标准和努力方向所做的一种预期.因此,数学教师教育专业要根据自身的专业定位、人才培养能力、社会需求变化、利益相关方意见等多方因素综合制定人才培养目标.

根据师范类专业认证的要求,人才培养目标可以分为三个部分,总体目标、5年预期目标、毕业要求.总体目标是数学教师教育专业人才培养的最终指向,指出要培养什么样的数学人才,例如,是培养小学数学教师,中学数学教师,还是面向数学学科的研究型人才.5年预期目标是师范生毕业5年后所能达到的程度,这体现了专业对数学教育人才在职业发展中的预判,例如"具备较高的数学教学水平和一定的教学研究能力,了解多种数学教学模式,能够根据不同阶段学生的认知特点运用专业知识和技能解决教学问题".毕业要求是学生在本科结束时所能够达到的水平.《中学教育专业认证标准(第二级)》中给出了"一践行三学会"的框架,共8个二级指标,分别是师德规范、教育情怀、学科素养、教学能力、班级指导、综合育人、学会反思和沟通合作,在每一个二级指标下还可以进一步细化出多个指标.虽然培养学生成为优秀的数学教师是数学教育教学专业的理想,但显然学生在刚刚毕业时无法达到这一目标.因此,制订更加符合实际,并对未来职业发展起到铺垫作用的目标才更加符合人才培养规律.例如,了解中学生数学学习认知规律和特点,熟悉常用的数学教学方法;能准确解读中学数学课程标准,熟悉中学数学教材知识体系.由此可见,形成

清晰、合理、可行的培养目标是设计人才培养方案的关键.《普通高等学校本科专业类教学质量国家标准》(以下简称《国标》)对于人才培养方案中培养目标有部分规定如下：教育学类专业教育教学应培养具备良好的科学与人文素养,具有较强的创新创业精神、教育创业实践能力和管理能力的人才.这就意味着人才培养目标应结合当今社会发展趋势融入科创素养培育.而人才培养目标具体如何确定则受时代、学校、地域等诸多因素影响.当今省属高校的人才培养目标,不应该只是以服务地方的应用型人才为主,在此基础上还应注重培养适应地方发展的创新型人才.例如,北京师范大学要求培养拔尖人才,领军人才,兼具国际视野;一些地方师范院校则要培养面向基础教育的应用型人才.这就要求培养目标要与专业的培养能力相匹配,进而保证培养方案切实可行,达到预设效果.

二、渗透科创素养培育的人才培养方案课程体系及结构关联

课程体系是人才培养方案中的核心内容,也是支撑专业培养目标实现的主体,专业培养目标能否达成直接取决于课程体系.课程体系既是专业人才培养的决定因素,也是专业独特性的外在表现.教师教育专业作为专门培养教师人才的载体有着典型的"双专业性"：学科特性和教育特性.这种特性从教师教育专业诞生到走向专业化一直存在,也成为专业课程设置时的困扰.美国教师教育专业发展过程中,学科学术课程和教育专业课程之间经历了长时间此消彼长的冲突磨合,并最终触发了学科教学课程的诞生,为解决上述矛盾带来了突破.从美国的例子可以看出教师教育专业化在发展过程中必须正视存在的问题,积极探索解决这些问题的途径和方法.当下,教师教育专业的课程已经不仅仅是"双专业性"所带来的学科学术课程和教育专业课程之争,更多的是多角度、多能力所带来的多要求之争.在"立德树人""三全育人"方面要求强化"两课"建设,在创新创业引导方面要求加强创业课程建设,在考研目标上要求强化专业学术课程开设,在教育实践上要求加强实践课程落实,等等.然而,课时有限、学分有限,如何设置课程就成为教师教育专业面临的一大挑战.笔者认为可以建立基于能力导向的模块化课程体系,以学生培养目标为引领,对开设课程进行优化组合,形成多个独立的课程模块.模块内可以根据师资情况开设必修和选修课程,满足学生的共性和个性需求.数学教师教育专业课程可以构建为通识教育类、专业教育类、教师教育类、数学教育类和综合实践类五个模块.每一个课程模块可以再进行分类,例如在专业教育类课程模块中对数学知识划分为数学基础知识、现代数学知识、数学哲学与数学史知识、数学学习论与方法论知识、大学数学与中学数学有效衔接的理论知识.数学教育类课程模块划分为数学教育教学理论、数学学习理论、数学教学和学习评价理论以及中学数学课程改革内容、数学教学实践性内容、初等数学问题研究性内容.另外,课程体系的构建还应该重视不同学科内容之间的横向有机联系,提升师范生的科创素养,增强对师范生综合能力的培养.最后,在课程体系的构建中还要明确课程开设的时间、类别等更为微观的问题,以形成逻辑清晰、结构科学的课程体系.

课程体系是人才培养方案的核心,但人才培养方案不是各种课程的简单罗列,而是一个具有逻辑关系的有机整体.在人才培养方案中一定要尽可能详细阐述人才培养过程的多元要素,使人才培养过程制度化、规范化.根据经验,可以在人才培养方案中呈现总体目标(含5年预期目标)、毕业要求、毕业要求与培养目标对应关系矩阵、主干学科和主干课程、学制、毕业学分及学位授予、教学活动时间安排表、课程设置及学分分配、课程类别和结构比例、课程与毕业要求对应关系矩阵等内容.人才培养方案的具体内容结构和逻辑关系如图 1-2 所示.

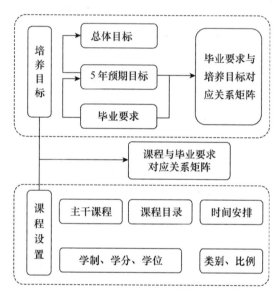

图 1-2 人才培养方案内容结构及逻辑关系

从图 1-2 可以看出,人才培养方案中的各个部分都是有着内在逻辑关系的,整体可以分成培养目标和课程设置两大部分,其中课程设置是外显的、操作层面的,而培养目标是内在的、预期的.目标的达成需要课程的支撑,学生在每一门课程中学到的知识与技能汇聚起来保障预期目标的达成.对课程进一步细化就会发现不同的课程承担着不同的培养任务,进而可以实现课程与目标的一一对应关系,形成课程与毕业要求对应关系矩阵.这种对应关系矩阵并非一成不变,根据课程目标的调整也可以变化,并细化出高中低不同程度的支撑情况.这种支撑关系是师范类专业认证标准所要求的,它不仅可以清晰地呈现出一门课程在人才培养过程中的地位,也能够有助于师范类专业审视自身的课程设置与具体安排,检验人才培养过程中是否存在薄弱环节,从而不断改进课程设置,提高人才培养质量.

　　课程体系是人才培养方案的具体体现.师范院校人才培养课程体系的构建必须明确师范院校的"发展目标定位",以师范教育为主的"学科专业定位",为地方培养人才的"服务面向定位",突出培养师范生实践能力和应用能力,确实体现应用型特色的"教学定位",培养面向地方、服务基层的本科应用型创新人才的"人才培养定位",从而构建以科创素养培育为背景的人才培养课程体系.

三、设计融合科创素养人才培养方案的技术路线

　　人才培养方案的技术路线主要指人才培养方案的构建路线,是关于具体如何做的问题.虽然前面已经讨论了人才培养方案的结构关系,但如何将这些部分整合在一起,则需要认真思考,有序进行.师范类专业认证标准要求专业按照"反向设计,正向施工"的基本思路,面向基础教育改革发展需求,以培养目标和毕业要求为出发点,设计科学合理的培养方案和课程大纲,采用匹配的教学内容和教学方案.其中,反向设计就是以培养目标为抓手,由目标的要求推导出学生需要具备什么知识、能力、素养等,再由此推导出学生需要学习哪些课程,进而明确每一门课程的具体教学目标是什么,甚至可以细化到每一节课所承担的任务是什么.经过这样的反向设计就可以将培养目标、毕业要求、课程体系、课程目标等内容进行逻辑串联,形成有机的整体.例如,在毕业要求中要求学生"知道中学数学教学的新成果,能准确解读中学数学课程标准,熟悉中学数学教材知识体系",对于这一条目标需要有具体课程提供支撑.数学教师教育专业所开设的"数学课程与教学论""中学数学研究"将为这一目标提供支撑,而这一目标的达成又为5年预期目标中的"掌握数学教育的基本理论和基本知识,掌握中学数学课程标准,熟悉并透彻理解中学数学教材知识体系"提供支撑,最终为专业总体目标提供支撑.如图1-3所示,这种逻辑关系上的层层递进,清晰地体现了人才培养方案中设置的课程与培养目标之间的联系.在更为微观的课程大纲设计中,也会进一步探索课程具体内容或者教学方式对课程目标的支撑,从而将每一节课都与最终培养目标联系起来.

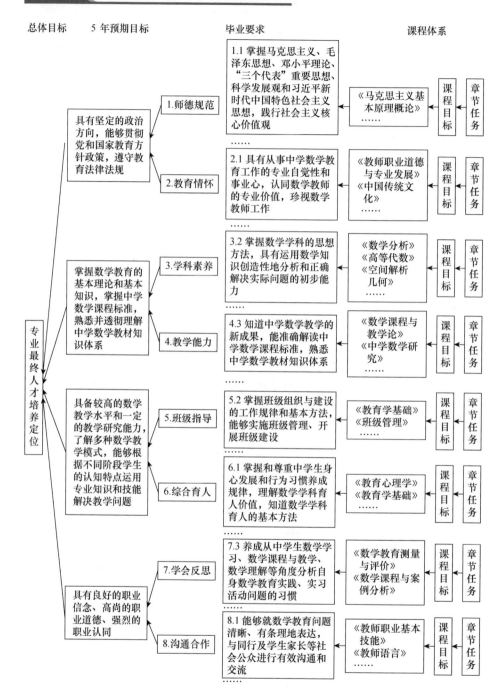

图 1-3　课程体系与培养目标逻辑关系图

人才培养方案的设计是一个较为复杂的过程,除了上述三项核心内容外还有其他事项需要兼顾.例如,对学分的设定,在数学教师教育专业认证中并没有给出具体的学分要求,但是专业认证并不是唯一的评价标准,专业还要兼顾其他相关标准和文件要求,如《国标》《中学教师专业标准(试行)》《教师教育课程标准(试行)》《关于实施卓越教师培养计划 2.0 的意见》等.《国标》要求数学专业总学分在 130~170 学分之间,实践课程学分在总学分减去通识课学分后占比不低于20%;数学教育教学专业认证标准要求通识教育课程中的人文社会与科学素养课程学分不低于总学分的 10%,数学专业课程学分不低于总学分的 50%,等等.可见,数学教师教育专业要在综合多个相关要求的基础上系统梳理专业课程,确定各个课程模块的学分比例,不能为了强化数学教学技能而忽视学生的通识教育课程,也不能为了数学学科课程而压缩教师教育类课程.特别是教育见习、研习、实习类课程,不仅要保证开设,还要保证时间安排上不少于 18 周.

对于数学教师教育专业的管理者而言,这些指标之间的相互制约性需要引起重视,在综合多个指标的基础上,按照新的培养标准和课程体系制订新的培养路线,改进教学方法、考核评价方法和质量监督方法,创新人才培养模式,不断完善应用型人才培养体系,探索既满足评价体系,又符合自身发展的合理路径,真正培养出独具特色的应用型科创人才.

第三节　设 计 要 点

人才培养方案在设计过程中要满足相关政策、文件的要求,同时在设计过程中要重点突出,不能寄希望于一蹴而就,要在设计过程中预留方案的修订机制,不断完善、不断改进.科创素养作为大学生非常重要的关键素养,在人才培养方案设计过程中要重点关注,通过多种形式的科创教育来实现科创素养的培育.科创教育并不是单独的一门课程,要融入大学教育的全过程中,使之成为人才培养模式下的重要方面.多年来,吉林师范大学数学与应用数学专业在人才培养方案设计、人才培养方面积累了丰富的经验,在学校资源相对均衡的条件下探索实施卓越教师培养实验,并将科创教育贯穿于人才培养全过程,取得了较好效果.下面以其为例,介绍人才培养方案设计要点.

一、基于科创素养培育的人才培养方案的修订机制

立足于科创素养培育的人才培养方案的特点,定期对培养目标的合理性进行评价,并根据评价结果对培养目标进行必要的修订.评价和修订过程应有利益

相关方参与.本专业建立了培养目标评价和修订的机制,坚持对在校生、校友及用人单位进行调查,内容包括社会需求、专业知识、教学能力、创新能力、沟通和管理能力、工作业绩等方面,及时了解基础教育对人才的要求及毕业生的表现.评价及修订工作由专业首席负责人召集专任教师讨论,同时征求和听取数学教育专家、在校生以及毕业生的意见.专业负责人总结形成修改申请报告,提交学院教学委员会,通过后上报学校审批.定期召开教学工作会议,分析教育教学状况,根据人才培养定位,及时更新、调整培养目标和方案,先后在 2012 年、2015年、2018 年开展了人才培养方案的修订工作.

培养目标评价和修订采用如下工作方法开展:

(1) 征求在校生意见.每年学院领导、专业教师、学工教师和教学管理人员都参加学生座谈,听取学生对培养目标的意见和建议.

(2) 收集用人单位评价.专业负责人和专业教师走访用人单位,了解其对培养目标的意见和建议.

(3) 跟踪毕业生评价.通过毕业生座谈、问卷调查等方式了解其对培养方案的评价和建议.

(4) 邀请专家评价.征求数学教育专家的建议,根据数学教育前沿动态修订培养目标,并邀请专家进行审定.

(一)人才培养方案修订的指导思想

人才培养方案的修订工作以《实施办法》等文件为指导思想,旨在整合专业课程,为学生的终身学习和创新发展奠定基础.在上述指导思想下,数学教师教育专业培养目标修订的主要内容包括:提高了对师德规范培养的要求;强调了教育管理能力与数学教育研究能力的培养;提出了具有一定国际视野的要求.人才培养方案的培养目标由原来的"培养适应当前基础教育改革与发展需要,德、智、体、美全面发展,师德师风高尚,教育理念先进,职业理想坚定,知识基础扎实,数学素养优秀,教学技能娴熟,文化底蕴深厚,具有一定教育教学实践能力和创新能力的数学教育工作者",修订为"培养能够掌握数学学科的基本理论和基本方法,能够运用数学知识和数学技能解决实际问题,适应基础教育事业改革和发展的需要,具有良好的思想政治素质、坚定的教师职业信念、高尚的职业道德、先进的教育理念、扎实的知识基础、娴熟的教学技能,具有一定的教学组织管理能力、语言表达能力、教育研究能力、终身学习能力,能够在基础教育领域从事数学教学、教育管理、教育研究工作的高素质中学教师".

(二)人才培养方案修订的相关依据

人才培养方案并非一成不变,要随着时代的变化不断改变,这就需要不断地开展人才培养方案修订工作.人才培养方案的修订工作除了有较为成熟稳定的流程之外,更重要的是在修订中要遵守哪些原则和依据.通过多年来在人才培养方案修订方面的积累,我们认为在培养方案修订中主要有理念、文件、目标、课程这四个方面的依据.

(1) 理念依据.理念依据主要是指人才培养的理念,是最为首要的人才培养目标依据.大学作为我国高等人才培养的主体,直接肩负着为国家培养社会主义现代化建设人才的重任.所以说,大学必须要明确自身为谁培养人才的目标,要在人才培养过程中始终贯彻执行"立德树人"的根本任务.在人才培养方案的制订过程中要把"立德树人"放在首位,以此开展培养什么人的具体探索.人才培养是一个复杂的过程,不能单凭借"立德树人"等口号进行实际操作,要回归专业特点、特色;同时,"立德树人"这个最高要求是人才培养的核心,要牢牢把握.

(2) 文件依据.文件依据主要是指在人才培养方案的修订过程中要遵守和遵循的相关教育文件.这些文件可以分为四个方面:首先人才培养方案必须符合法律的相关要求,例如必须遵守《中华人民共和国教育法》《中华人民共和国教师法》《中华人民共和国义务教育法》等.人才培养方案作为一种专业培养目标达成框架预案,不能和国家的法律相违背.其次,人才培养方案要遵守行业标准.就师范类专业而言,人才培养的结果要满足教育行业的要求,所以人才培养过程中要以教育行业标准为依据,在这个过程中要满足《中学教师专业标准(试行)》《教师教育课程标准(试行)》.再次,人才培养方案要满足专业标准,就数学教师教育专业而言,人才培养的目标是为数学教师培养生力军,也就是人才就是未来合格的数学教师,这里面要着重突出数学作为一个专业的特点.因此,人才培养过程中要时刻体现专业特色.人才培养方案的制订中也要兼顾数学专业的相关要求,例如数学教师专业标准、数学课程标准、职后培训标准、优秀数学课堂标准、教育技术标准、数学专业教学质量标准、卓越教师培养意见等相关要求.最后,人才培养方案要符合相关教育政策.教育作为国家的基本事业在不同时期有不同的政策方向要求,无论是国家、地方还是学校都有自身的教育事业发展定位.在人才培养方案的制订中要满足这些政策的要求,这样才能使人才培养不脱离实际.例如,要满足《国家中长期教育改革和发展规划纲要(2010—2020年)》《关于全面深化新时代教师队伍建设改革的意见》和《教师教育振兴行动计划(2018—2022年)》的要求,以及各个高校对自身角色("双一流"高校、"双非"高校、地方应用大学等)的定位.人才培养方案一定要兼顾这些实际情况,才能使方案在人才培养中能够更切合实际情况,有利于人才的培养.

(3) 目标依据.所谓目标依据就是指专业在人才培养过程中对培养目标的认知.具体以人才培养目标作为修订依据时可以从两个方面进行考虑,一是专业的整体人才培养定位,也就是希望培养什么样的专业人才.虽然从宏观角度看都满足立德树人的基本要求，但是人才还是要有具体的分门别类，人才培养目标也存在不同差异.专业人才培养目标的确定往往受学校的师资实力、学生的基础素质、学校的整体定位等多方因素影响.例如，"双一流"高校由于多方面的软硬实力优势，在人才培养目标定位上会显著高于普通高校，多是立足于国际视角，培养领军型的人才.而普通高校，尤其是地方性普通院校受多种条件的限制，人才培养往往只能满足地方性的基本要求，为地方培养应用型人才.这就决定了人才培养目标的定位要具体情况具体分析，进而决定了人才培养方案的不同.人才培养方案首先要明确培养目标，根据培养目标来决定具体的培养模板、课程结构、考核评价等内容.因此，培养目标的定位直接决定了人才培养方案的修订.其次，要参考以往人才培养目标的达成情况.根据教育部最新的师范类专业认证的规定，专业人才培养效果可以借助培养目标达成度来考核分析.在人才培养目标的制定中，学校、专业等方面的因素是其中之一，另外一项就是以往专业人才培养目标的达成情况.通常专业人才培养目标都是经过深思熟虑，多轮分析研讨的结果，具有很好的可操作性和实际性.可是，不经过实际执行的检验也难以发现其中的问题.在经过几轮的人才培养之后，就要从多个效度、多个指标来检验人才培养的效果，也就是人才培养目标的达成情况.如果达成情况较好，说明人才培养方案的可行性很高，在未来可以进一步尝试提高目标要求，这样将会使人才培养效果更好.如果检验效果不好，说明原来的人才培养方案还存在一定的问题，需要马上进行修订.这也就决定了在人才培养方案的修订中不能盲目提高要求，要查找问题原因，制订更加符合实际的方案.由此可见，培养目标在很大程度上决定了人才培养方案的修订执行，修订过程中必须要时刻考虑培养目标的达成情况.

（4）课程依据.所谓课程依据主要是指在人才培养方案修订过程中要时刻考虑课程方面的变化和诸多影响因素，综合考虑修订方案.具体有关课程依据可以从三个方面进行考虑，一是要考虑到课程的变化时效，也就是课程的及时更新变化.在21世纪初期，计算机还远未普及，除了计算机专业外，理工科类专业都会开设计算机基础课程.时至今日，这种基础课程已经不需要开设了.另外，一些有关专业的课程在时代的变化中也会逐渐发生变化.例如，在"数学教育统计测量"课程中，以往更加注重对统计学理论、测量的过程进行讲解和讨论，而随着统计软件的不断推出，学生需要掌握SPSS等统计软件包的使用方法.这就需要在人才培养方案的修订中能够给予充分考虑.二是课程开设的现实情况，这主要与专业的实际情况密切相关.在人才培养中，课程往往是最直接的载体，想培养什么样的人才，就需要开设相关的课程，但是课程的开设需要完备的师资力量和教学环境支持.例如，人工智能、数学前沿问题等课程对学生非常重要，可是具备这种实力的教师并不多,所以类似这样的课程就对专业的教师人才储备提出了要求,也在一定程度上阻碍了人才培养的质量提升.另外,就科创教育而言,需要开设相关能够提高学生科创素养的课程,例如"科学技术导论""大学生创新创业教育""STEAM 课程开发"等,这些课程的开设对于提高大学生的科创素养有直接帮助.所以,人才培养方案在修订中要考虑这些相关因素的影响.三是以往课程目标的达成程度,专业人才培养方案修订并非颠覆性的修订,而是需要在原有基础上不断调整和更新,是一个不断持续改进的过程.原有开设的相关课程在一定程度上支撑了人才培养目标的达成,但是不同课程目标的达成程度会有所差异.要对每一门课程目标的达成程度进行核算,了解课程在人才培养中起到的实际作用,这样在人才培养方案的修订中才能进行合理调整.对于目标达成程度较低的课程要找到原因,是来自教师、评价方式,还是与人才培养相脱节,等等.只有明确了课程的实际情况,才能在修订中进行整体调整,甚至取消一些课程,不断优化人才培养方案.

(三) 人才培养方案修订的基本原则

1. 明确人才培养指导思想

人才培养方案修订是一个长期持续性的工作,需要根据培养目标不断完善.人才培养方案修订中要准确抓住人才培养指导思想这个主线.指导思想是人才培养的指导方向,直接决定了人才培养目标的指向.纵观我国高等教育的发展历程,不同时期的人才培养指导思想会有所不同.当今,高校最根本的人才培养目标是立德树人,并将长期坚持这一指导思想不变.在这一思想指导下人才培养又会受到其他较为详细的一些目标的影响.例如,师范类专业认证所提出的学生中心、产出导向、持续改进成为教育人才培养的必经之路.这就对人才培养方案的修订给出了非常明确的指导方向,必须要以学生为中心进行设计、修订.同时,人才培养方案必须满足持续改进的要求,可以对它进行不断优化.

2. 优化人才培养目标定位

人才培养目标受时代进步的影响不断发生变化,同时学校的培养水平也决定了人才培养目标定位.有的学校其人才培养面向全国,有的学校其人才培养面向区域,有的学校培养技术型人才,有的学校则培养研究型人才.因此,在修订人才培养方案的过程中首先要明确人才培养目标定位.只有人才培养目标定位确定了才能以此为基础开展课程设置,开展人才培养模式的探索,开展考核评价机制的研究.

3. 构建多元化人才培养模式

人才培养模式是进行人才培养的框架结构,学校往往会根据自身和专业特色探索出最适合的人才培养模式.通过对有关高等教育研究的梳理可以发现,人才培养模式有很多种,完全照搬照抄一种模式行不通,但经过一定的改良或融合,能够为不同学校的专业人才培养提供较好的借鉴.同时,也让我们看到人才培养有不同的模式,且模式在人才培养方案中可以进行调整,也可以构建多元化模式的共存模式.例如,吉林师范大学数学与应用数学专业的卓越教师培养模式,该人才培养模式与原有的数学师范专业人才培养模式共存,并形成互补,丰富了人才的培养需求.人才培养模式的确定将直接影响课程的设置,进而影响教师队伍的建设.由此可见,在人才培养方案修订中要积极探索多种培养模式,实现人才培养过程的多选择性,也为人才培养提供更多的可能性.

4. 加强科创素养培养

科创教育是涵盖创新创业教育的一系列创造性教育.在创新成为时代主流的当下,提高大学生的创新能力,提高科创素养已经成为各专业的共识性问题;把创新创业教育融入人才培养全过程,注重学生创新创业意识、思维和能力培养成为人才培养方案修订中必须遵循的原则.所以,各个专业要积极开设创新创业通识课程和具有学科专业特色的创新创业课程,把课外科技创新、学科竞赛、创业训练及社会实践等活动纳入毕业学分,形成依次递进、有机衔接的创新创业教育课程体系.

二、基于卓越教师计划的科创教育实施途径

科创素养作为大学生教育的重要培养目标,也是人才培养方案修订中的重要体现.在人才培养方案修订中要尽可能设计出提高大学生科创素养的可行办法,制定实施路径.吉林师范大学数学与应用数学专业在人才培养过程中不断修订培养方案,同时结合时代对大学生提出的科创教育要求,将科创素养教育融入人才培养过程.该专业借助国家推行的卓越教师计划,创设了卓越教师人才培养模式,对大学生科创素养教育进行了积极尝试.

(一)卓越中学数学教师的内涵与能力构成的界定

美国于 20 世纪 80 年代实施了卓越教师计划,加强优秀教师的培养工作.澳大利亚于 1999 年在《21 世纪教师》计划中提到提高中小学教师的地位和专业发展水平的卓越教师计划.英国政府于 2001 年颁布了名为《教学与学习:专业发展战略》的文件,旨在促进教师专业的可持续发展,为教师群体提供专业发展的机会,促进普通教师向卓越教师的转变.我国于 2010 年在部分高校进行试点,实施了"卓越医师""卓越律师"和"卓越教师"三大计划.各高校结合本校的实际,开始创造性地探索"卓越教师"人才培养方案.2014 年,教育部颁发了《教育部关于实施卓越教师培养计划的意见》,从改革卓越教师培养模式、建立"三位一体"协同培养机制、加强招生就业环节、创新教育教学改革、整合优化教师教育队伍和

加强组织保障等方面,对实施卓越教师培养计划提出具体要求.

卓越教师的评价在于结果,培养则在于过程.一个专业化的教师需要用一生的精力实现教书育人的梦想,"卓越"不是一劳永逸的,一段时间内能够很好地完成教学任务,为学生培养、学校发展、学科建设做出突出的贡献,未必在职业生涯中每个阶段都是非常出色的;"卓越"在于过程,"卓越"始终走在"路上",没有终点.要想更好地为教育教学服务,必须倾其毕生精力不断进取和探索.结合《中学教师专业标准(试行)》《教师教育课程标准(试行)》《"国培计划"课程标准(试行)》《中小学教师教育技术能力标准(试行)》《全日制义务教育数学课程标准(实验稿)》和《普通高中数学课程标准(实验)》等文件的要求,以及吉林师范大学数学与应用数学专业的教育教学实际和学生特点,我们将卓越中学数学教师应具备的素养和能力概括为以下 10 点:理想信念坚定、思想观念超前、品行端庄示范、文化底蕴深厚、科学素养坚实、数学功底扎实、教育技术娴熟、教学技能多元、教研能力突出和学习反思常态.从 2013 年开始,我们在该专业学生中进行了卓越数学教师试点班工作,在培养模式、课程体系建设和教师技能培训等方面进行了持续探索与实践.

(二)卓越中学数学教师培养的课程体系构建

在卓越中学数学教师试点班的培养课程体系构建中,我们进行了如下几点尝试:

(1)四维模块化课程体系.整合学校辐射的校内外教师教育资源,构建通识教育类、专业教育类、教师教育类、创新教育类四维融合的模块化课程体系.鼓励相关学科教师参与卓越中学数学教师培养,定期开展跨学科、跨学校的研讨,整合理论学习和实践教学各个环节.模块化课程体系能够较好地整合校内外各学科资源,凝聚培养力量.

(2)统筹数学学科知识内容体系.掌握系统的数学专业知识是数学教师专业化的基本需求;在教学实践中即时提取数学专业知识是数学教师专业化的职业需求;提高课堂教学的有效性、打造高效数学课堂是数学教师专业化的素养需求.基于上述思考,进行卓越中学数学教师培养中重构本科阶段"数学知识体系"的改革,将数学学科知识统筹为以下五个方面:数学基础知识;现代数学知识;数学哲学与数学史知识;数学学习论与方法论知识;大学数学与中学数学相互联系的理论知识.随着中学数学课程改革的深入,高等数学的思想、方法和部分内容已经渗入到中学数学教学之中,高等师范院校从数学学科知识角度重新审视专业课程的教学势在必行.要构建高等数学课程内容与初等数学课程内容相融合的知识体系,系统化研究和设计数学专业课程的内容,为学生以后实施有效的教学方法以及教学手段提供知识性依据.

（3）整合数学教育教学知识内容体系.构建数学教育教学类课程设置、内容安排和层次化设计的课程体系.数学教育教学类课程体系包含数学教育教学理论、数学学习理论、数学教学和学习评价理论，以及中学数学课程改革内容、数学教学实践性课内容、初等数学问题研究性内容.表面上看，这些内容涉及不同的领域，关系并不紧密，但是其基本内容统一于数学课堂教学实践中，是不可分割的整体.我们从课堂教学实践出发，按照六个层次设计数学教育教学类课程体系，以引导篇、认识篇、基础篇、素质篇、技能篇和综合篇六个篇章整合数学教育教学知识，重构知识体系.

（三）卓越中学数学教师培养的技能培训

（1）系统设计技能培训.数学教育教学技能的培养是系统化工程，需要对包含"三字一话"在内的多项教育教学技能进行整体设计和实施.首先，在学校开展通识教学技能培训的同时，将数学教育教学技能的特殊需求融入其中.按照单项技能、复合技能、整体技能分层次设计培养方案，并分解落实.其次，以赛促练，通过一年一度的"课堂模拟讲课大赛""说课大赛""三笔字大赛"等活动，培养和训练学生的教学基本功，并不断提高学生在徒手作图、数学符号的书写等方面的专业基本技能，促进数学教育教学技能的提高.

（2）多元化协同示范，实时渗透培养技能.教育发展需要"双师型"教师，即学习型和专家型融合的教师."学习型"教师能不断自我充实各类知识，融入实践教学；"专家型"教师能深刻掌握中学数学教学理论与研究方法，扎实有效地开展教学研究.基于以上分析，我们实施多项多元化示范培养措施，例如：① 全体任课教师协同示范，打破以往由教法教研室全权负责技能培训的单一模式.② 校外教育实践基地协同示范，打破以往只能在确定时间、固定地点实习实践的单一模式，不定期入校听课、讲课，参与教研.③ 组建学生协同示范小组，打破以往学生独自训练技能的单一模式，可以随时进行课堂模拟教学的互助示范.

（3）兼顾课外活动提升综合技能.为卓越中学数学教师试点班配备责任心强，教学和科研能力突出的优秀青年教师做班主任，负责学生课程学习和技能训练的指导工作.开展"朋辈指导""读书报告""课前、课后演讲""解题模拟训练""双语教学训练""主题班会"和"教学竞赛"等一系列提升教育教学技能综合素质的活动.选聘教学经验丰富的优秀中学教师或者教研员做卓越中学数学教师试点班兼职导师（比例不低于20％），与校内导师共同指导课外实践活动的设计与实施.

（4）利用实时资源强化技能提升.充分利用校友资源和其他教师竞赛资源，建立丰富的中学教育教学资源库，即建立包含中学课程典型教学案例，学校管理案例，名师课堂教学实录，各种观摩课、公开课、研讨课、骨干教师示范课和青年教师竞赛课等内容丰富的资源库.资源库全天候向在校学生开放,实现实时资源共享.学生还可以在数学实验室、案例教室、多媒体教室、微格教学实验中心等场所现场练习,以提高数学实践能力和教育教学实践能力.

第四节　设计实施与成效

(一)多元化整合资源保障人才培养方案的实施

高校作为人才培养的主体,其作用不可替代.2016 年,《教育部关于中央部门所属高校深化教育教学改革的指导意见》中曾指出:"要深入推进高校创新创业教育改革,完善协同育人机制,推进人才培养与社会需求、实务部门、科研院所、相关行业部门等实现协同."高校教学资源一般包括:人力资源、课程资源、设施资源、实践资源以及制度资源.教学资源整合必须立足于培养创新型人才,优化教学资源整体配置结构,多元化整合资源,如整合校内外资源,整合线上线下资源,整合师资,整合技术,做到资源共建、共享、开放、协调,以确保人才培养方案的稳步推进.

(二)关注科创素养培育突出专业特色

人才培养中如何体现培养特色是各专业面临的重大问题.几乎每一所高等师范院校均设有数学教师教育专业,而每一个专业都希望能够拥有人才培养特色.可是,专业的发展与建设不能随心所欲,受到多个政策文件的影响,例如《国标》《师范类专业认证标准》等.在诸多标准的规范下,专业的自主空间有限.在强调应用型人才培养的背景下,教师专业素养的内涵将会发生深刻的转变,未来的教师面对的将是更为复杂、更具不确定性的教育实践环境.因此,对教师教育的培养不仅要注重学科知识与教育教学技能的培养,更要注重师范生科创素养的培育.以我们所开发的"文史哲与艺术中的数学"这门课程为例,基于数学师范生学习的需要和科创素养的培养要求,该课程应用了问题导向的探究式、交叉融合的案例式、互动点评的研讨式、角色互换的翻转式以及线上线下的混合式等教学方法,不仅进行了多学科融合,而且突出了本专业培养特色,以此开拓更具实践性和开放性的课程教学新样态.千篇一律的人才培养不能长久,如何找到人才培养的特色之路将是未来影响专业长久发展的关键.

(三)关注科创素养培育抓住新技术时代的机遇

随着人工智能、大数据、5G 时代的到来,教育领域一定会面临新技术的冲击和扶持.因此,基于能力本位的师范生教育应该强调师范生科创素养的培育,促进科学技术与课程、教学、教学管理等教育活动的有效融合,优化教与学的过程.例如,在课程体系方面,虽然根据各种理念设定了课程的性质、类型,但是课程的模式却在悄然发生变化,基于互联网的线上同步直播授课、异步授课、在线翻转课堂等多种在线教学形式正在影响着当今的高等教育.特别是自新型冠状病毒肺炎疫情以来,线上授课已经成为"停课不停学"的直接手段.随之而来的怎样做好网络课程的实施服务、管理、评价等一系列工作也成为摆在各专业面前的新问题.当疫情过后,教学回归常态化时,线上教学的模式又将如何开展,学生的各种在线学习成效该如何认定,如何将线上与线下学习有机整合,都将是数学教师教育专业未来需要面对的问题.

(四) 关注科创素养培育立足综合能力提升导向

培养学生的能力是专业人才培养的最核心目标.对于数学教师教育专业而言,如何培养学生成为一名优秀或卓越的中学数学教师应该是最希望达到的目标,但达成这个目标并不容易.随着社会的变化,教师行业获得了更高的关注度,同时,社会也对教师提出了更高的要求.传统意义上的知识传授已经无法满足新时代的需求,班级管理、学业规划、心理健康辅导等都已成为新时期教师的能力范畴.项目式学习、探究式学习等教学模式,STEAM 课程、校本课程等课程形式,都对未来教师提出了更高的能力要求,进而引起职前阶段培养过程的复杂化、多元化.随着基础教育对教师综合素质的要求不断提高,地方师范院校教育教学专业的人才培养要明确立足综合能力提升的培养目标,打破人才培养与基础教育需求之间的壁垒,关注师范生的科创素养培育,从培养专门人才转变为培养复合性应用型人才.如何在课程体系构建中突出综合能力提升导向,利用好显性课程和隐性课程来培养学生的能力,而不是单纯地满足于逻辑上的自洽,这无疑是摆在相关专业面前最突出的问题.

第二章　数学专业课程中科创素养培育设计与实施

科技创新是现代化的发动机,是一个国家进步和发展最重要的因素之一;科技创新能力是国家实力的最关键体现,在经济全球化时代,一个国家具有较强的科技创新能力,就能在世界产业分工链条中处于高端位置,就能创造激活国家经济的新产业,就能拥有重要的自主知识产权.

高校作为人才、科技资源的重要集聚场所,是高素质人才培养的重要单位,教师和学生作为高校开展科创活动的主体,其创新能力和实践能力在科创活动中占有举足轻重的作用.对高校而言,将科创素养培育高效融入课程中去,是实施素质教育的重要举措,是促进学生全面发展的重要途径.将科技创新教育融入高校教育,可以使学生除了具备专业学科知识之外,还掌握一定的科技创新方法,具备一定的科学精神和科学态度,从而形成良好的科创素养,成为社会所需的创新型人才.

本章将针对师范院校数学专业课程中科创素养培育的设计与实施这一问题,以数学专业重要的一门基础课"常微分方程"为例,探讨如何将科创素养培育融入该课程的教学大纲及教学设计,并以具体教学案例讨论其实施问题.

第一节　基于科创素养培育的教学大纲设计

教学大纲是根据课程在专业教学计划中所占的地位和要求,以纲要的形式具体地反映课程内容的范围、深度、顺序和教法的教学文件,一般包括:课程的地位与作用、课程目标、课程教学内容和重难点、课程目标与科创素养培育目标的对应关系、课程教学方法、课程考核与成绩评定、课程学习资源、课程学习建议等.教学大纲是学习有关课程及教学环节必须达到的合格要求,是编选教材、组织教学、进行课程教学质量检查和评比及教学管理的主要依据,也是检查和评定学生学业成绩和衡量教师教学质量的重要标准.提倡科创素养的培育,首先要从教学大纲上得以体现.下面以"常微分方程"课程的教学大纲设计为例进行探讨.

一、课程的地位与作用

"常微分方程"是高等院校数学专业最重要的基础课之一,在培养具有良好数学素质和科创素养的人才方面起到重要作用.随着科技进步和计算机的迅速发展,常微分方程向化学、自动控制、电力技术、生物学等自然科学和技术科学领域的广泛渗透已日趋明显,而且在经济、人文、体育等社会科学领域也成为必不可少的解决问题的工具.该课程主要讲授各种基本类型常微分方程解的性质,一阶常微分方程的基本解法,常微分方程基本定理,一阶常微分方程组和 n 阶线性常微分的基本解法,以及常微分方程在其他学科中的应用.该课程培养学生在解决实际问题时对常微分方程的应用意识,训练学生把科技、社会等领域中的实际问题按照既定的目标归结为常微分方程形式,并能利用常微分方程的解法进行求解,以便得出更深刻的规律和属性.

二、课程目标

(1) 正确掌握和理解常微分方程的基本概念和基本理论.(掌握专业的基础知识)

(2) 熟悉微分方程学科的历史发展过程及其在其他领域的应用,并能发现常微分方程问题.(培养发现问题的能力)

(3) 掌握典型的常微分方程类型和求解技巧,具备应用常微分方程分析和解决实际问题的能力.(培养解决实际问题的能力)

(4) 了解常微分方程在实际中的应用,培养并拓展学生严谨的数学推理、论证能力.(培养科技创新的能力)

课程目标的设置要强调科创素养培育,目标的设定可以围绕:专业知识——→探究——→解释——→评估——→扩展,层层递进,有效培养学生的创新思维能力.

三、课程教学内容和重难点

1. 第一章初等积分法

主要内容:

(1) 微分方程和解;

(2) 变量可分离方程;

(3) 齐次方程;

(4) 一阶线性微分方程;

(5) 全微分方程及积分因子;

(6) 一阶隐式微分方程;

（7）几种可降阶的高阶微分方程；

（8）一阶微分方程应用举例.

教学重点：变量可分离方程、齐次方程、一阶线性微分方程、伯努利方程、全微分方程、一阶隐式微分方程及可降阶的高阶微分方程的解法.

教学难点：常微分方程所属类型的判定及各类常微分方程的解法,现实中存在的一阶微分方程问题.

2. 第二章基本定理

主要内容：

（1）常微分方程的几何解释；

（2）解的存在与唯一性定理；

（3）解的延拓；

（4）奇解与包络；

（5）解对初值的连续依赖性和解对初值的可微性.

教学重点：解的存在与唯一性定理；解的延拓定理；解对初值的连续依赖性与可微性定理；奇解的求法.

教学难点：解的存在与唯一性定理的证明,并会用皮卡逐次逼近法求微分方程的近似解.

3. 第三章一阶线性微分方程组

主要内容：

（1）一阶微分方程组；

（2）一阶线性微分方程组的一般概念；

（3）一阶线性齐次微分方程组的一般理论；

（4）一阶线性非齐次微分方程组的一般理论；

（5）常系数线性微分方程组的解法.

教学重点：线性微分方程组解的性质与常系数线性微分方程组的解法；线性微分方程组的通解结构定理；现实中存在的微分方程组问题.

教学难点：刘维尔公式.

4. 第四章 n 阶线性微分方程

主要内容：

（1） n 阶线性微分方程的一般理论；

（2） n 阶常系数线性齐次微分方程的解法；

（3） n 阶常系数线性非齐次微分方程的解法；

（4）二阶常系数线性微分方程与振动现象；

（5）拉普拉斯变换；

（6）幂级数解法大意.

教学重点：n 阶常系数线性齐次和非齐次微分方程的通解结构及其解法.

教学难点：常数变易法、刘维尔公式及其应用；现实中存在的高阶微分方程问题.

四、课程目标与科创素养培育目标的对应关系

表 2-1 课程目标与科创素养培育目标的对应关系

课程目标	对应章节	科创素养培育目标
课程目标（1）	全部章节	具有扎实的专业基础，掌握专业相关的基本概念、基础理论、基本知识和基本技能（培育科创素养的前提）
课程目标（2）	全部章节	熟悉本学科与其他学科的联系，了解本学科在人类社会发展中的作用，了解本学科的新成果，能够有效挖掘现实中的问题（培育科创素养的准备）
课程目标（3）	全部章节	掌握本学科的思想方法，具有运用专业知识创造性地分析和正确解决实际问题的能力，具有较好的数学素养（培育科创素养的有效途径）
课程目标（4）	全部章节	具有严谨的科学精神和宽厚的人文底蕴，形成终身学习与自我创新发展意识（培育科创素养的有效保障）

五、课程教学方法

培养学生的创新精神、创新思维和创新能力，是科创素养培育的核心. 教师开展自然学科和社会学科的研究性教学活动时，要将"科学发明、创新思维"的教育理念融入教学全过程. 除了传统的讲授法，还要加入研讨法、成果展示法、模板教学法、毕业论文结合法等教学方法.

1. 研讨法

教师在讲授完课程的相关基础知识的基础上，通过布置与课程相关的科研任务，启发学生的创新意识. 学生以小组为单位通过寻找与课题相关的论文、报告和书籍等资料并大量阅读，挖掘创新想法，小组内进行讨论，互相启发. 这样，不仅可以培养学生的沟通能力，也可以在一定程度上弥补学生在专业知识上的缺乏，开拓其思路，积累其见识，增强其学习自信心，为科创课题的顺利进行打下基础.

2. 成果展示法

在学生经过课余时间的科创调研、方案设计、方案求解、可行性验证，形成论文或调研报告后，要提供一个让他们展示成果的机会，此举不仅可以锻炼学生的表达能力，而且在很大程度上激励了学生参与科创项目的积极性和主动性.

3. 模板教学法

大学生对科创论文或专利申请的撰写缺少相关训练,科创活动正好提供了学习机会.把发表的论文或已授权的专利申请作为模板发给学生,让他们先进行自学,在自学过程中领悟论文或专利申请的固定模式和撰写方法,然后按照论文或专利申请模板,针对自己的设计对象撰写论文或专利申请.

4. 毕业论文结合法

在科创活动中,学生可能因暂时专业知识缺乏、时间不足等原因没有将科创项目完整做完.在这种情况下,指导教师可以将适宜的科创项目作为其毕业设计课题,让学生继续完善科创项目.此时,学生已经学完所有课程,具备科创项目所需的专业知识,且基本的文献检索能力、写作能力、设计能力等均已具备,加之对课题的熟悉,适合继续课题研究,完成毕业论文.

六、课程考核与成绩评定

课程考核方式要紧紧围绕课程目标,充分体现科创素养培育的结果.考核方式在通常的作业、出勤、课堂参与、测验、实验、期中考试、期末考试、科创活动等基础上,增加研究性学习成果展示,如调查报告、研究笔记、表演、模型、设计方案、论文等.以"常微分方程"课程考核与成绩评定为例,设计如下.

1. 考核方式及成绩比例

本课程采用 5 种考核方式,成绩比例分别为:

考核方式 1:平时作业与平时出勤 10%;

考核方式 2:课堂参与 10%;

考核方式 3:期中考试 10%;

考核方式 4:期末考试 30%;

考核方式 5:科创活动 40%.

表 2-2 "常微分方程"课程考核评价细目表

课程目标	考核内容	考核方式	考核时间	相关过程材料
课程目标(1)	常微分方程的基本概念和基本理论	(1) 平时出勤 (2) 平时作业 (3) 课堂参与 (4) 期末考试 (5) 科创活动	(1) 1~18 周 (2) 1~18 周 (3) 1~18 周 (4) 19~20 周 (5) 8~18 周	(1) 考勤表 (2) 作业 (3) 课堂参与记录 (4) 试卷 (5) 科创成果
课程目标(2)	微分方程学科的历史发展过程及其在其他领域的应用,发现常微分方程问题的能力	(1) 平时出勤 (2) 平时作业 (3) 课堂参与 (4) 期末考试 (5) 科创活动	(1) 1~18 周 (2) 1~18 周 (3) 1~18 周 (4) 19~20 周 (5) 8~18 周	(1) 考勤表 (2) 作业 (3) 课堂参与记录 (4) 试卷 (5) 科创成果

课程目标	考核内容	考核方式	考核时间	相关过程材料
课程目标（3）	典型的常微分方程类型和求解技巧，应用常微分方程分析和解决实际问题的能力	（1）平时出勤 （2）平时作业 （3）课堂参与 （4）期末考试 （5）科创活动	（1）1～18 周 （2）1～18 周 （3）1～18 周 （4）19～20 周 （5）8～18 周	（1）考勤表 （2）作业 （3）课堂参与记录 （4）试卷 （5）科创成果
课程目标（4）	通过对实际问题的解答，表现出严谨的数学推理、论证能力	（1）平时出勤 （2）课堂参与 （3）科创活动	（1）1～18 周 （2）1～18 周 （3）8～18 周	（1）考勤表 （2）课堂参与记录 （3）科创成果

2. 评分标准

表 2-3　"常微分方程"课程评分标准细则

课程目标	评分标准				
	90～100 分	80～89 分	70～79 分	60～69 分	0～59 分
	优	良	中	及格	不及格
课程目标（1）	扎实掌握常微分方程的基本概念和基本理论	较好掌握常微分方程的基本概念和基本理论	基本掌握常微分方程的基本概念和基本理论	了解常微分方程的基本概念和基本理论	不了解常微分方程的基本概念和基本理论
课程目标（2）	非常熟悉微分方程学科的历史发展过程及其在其他领域的应用，并能有效发现常微分方程问题	比较熟悉微分方程学科的历史发展过程及其在其他领域的应用，并能发现常微分方程问题	熟悉微分方程学科的历史发展过程及其在其他领域的应用，并能努力探索常微分方程问题	了解微分方程学科的历史发展过程及其在其他领域的应用，并能探索常微分方程问题	不了解微分方程学科的历史发展过程及其在其他领域的应用，不会探索常微分方程问题
课程目标（3）	熟练掌握典型的常微分方程类型和求解技巧，完全具备了应用常微分方程分析和解决实际问题的能力	掌握典型的常微分方程类型和求解技巧，较好地具备了应用常微分方程分析和解决实际问题的能力	基本掌握典型的常微分方程类型和求解技巧，具备了应用常微分方程分析和解决实际问题的能力	熟悉典型的常微分方程类型和求解技巧，基本具备了应用常微分方程分析和解决实际问题的能力	不掌握典型的常微分方程类型和求解技巧，不具备应用常微分方程分析和解决实际问题的能力
课程目标（4）	通过对实际问题的解答，具备严谨的数学推理、论证能力	通过对实际问题的解答，基本具备严谨的数学推理、论证能力	通过对实际问题的解答，具备较好的数学推理、论证能力	通过对实际问题的解答，具备一定的数学推理、论证能力	不具备相应的数学推理、论证能力

3. 课程目标达成评价方法

表 2-4　"常微分方程"课程目标达成度核算方法

课程目标	课程目标达成度目标值/分					课程目标达成度评价值
	平时作业与平时出勤成绩比例 10%	课堂参与成绩比例 10%	期中考试成绩比例 10%	期末考试成绩比例 30%	科创活动 40%	
课程目标（1）	25	20	25	20	10	（1）分课程目标达成度＝$\sum$［（分课程目标考核方式的平均分／分目标总分）＊成绩比例］/分课程目标考核方式所占的成绩比例总和
课程目标（2）	25	20	25	60	20	
课程目标（3）	25	50	30	20	40	（2）总课程目标达成度＝$\sum$（分课程目标达成度/课程目标个数）
课程目标（4）	25	10	20	0	30	

说明：每一种考核方式下各分课程目标值总和为 100 分.

七、课程学习资源

1. 选用教材

东北师范大学微分方程教研室,《常微分方程》,北京：高等教育出版社,2005/（第二版）,ISBN：9787040161359.

2. 主要参考书目

［1］王高雄等,《常微分方程》,北京：高等教育出版社,2006/（第三版）. ISBN：9787040193664.

［2］丁同仁,李承治,《常微分方程教程》,北京：高等教育出版社,2004/（第二版）, ISBN：9787040292046.

八、课程学习建议

（1）课前必须做好预习,课后复习巩固；

（2）注重知识的理解和运用,并注重解题方法；

（3）多质疑,善于发现和提出问题；

（4）营造课堂学习氛围,激发学生学习兴趣.

以上内容为"常微分方程"课程的教学大纲,在大纲中要明确体现对学生的评价方式.同时,也要体现对课程目标的达成情况,这样才有助于对课程的持续改进.另外,科创素养的培育并非是某一章某一节内容,而是融入全部内容中,通过不断展现常微分方程的应用价值,引导提高学生科创素养.

第二节　基于科创素养培育的教学设计理论

一、教学设计定义与特征

加涅曾在《教学设计原理》中界定："教学设计是一个系统化规划教学系统的过程. 教学系统本身是对资源和程序做出有利于学习的安排. 任何组织机构，如果其目的旨在开发人的才能均可以被包括在教学系统中."

帕顿在《什么是教学设计》一文中指出："教学设计是设计科学大家庭的一员，设计科学各成员的共同特征是用科学原理及应用来满足人的需要. 因此，教学设计是对学业业绩问题的解决措施进行策划的过程."

赖格卢特对教学设计的定义同对教学科学的定义基本上是一致的. 因为在他看来，教学设计也可以被称为教学科学. 他在《教学设计是什么及为什么如是说》一文中指出："教学设计是一门涉及理解与改进教学过程的学科. 任何设计活动的宗旨都是提出达到预期目的最优途径，因此，教学设计主要是关于提出最优教学方法的处方的一门学科，这些最优的教学方法能使学生的知识和技能发生预期的变化."

梅里尔等人在新近发表的《教学设计新宣言》一文中对教学设计所做的新界定值得引起人们的重视. 他们认为："教学是一门科学，而教学设计是建立在这一科学基础上的技术，因而教学设计也可以被认为是科学型的技术."

美国学者肯普给教学设计下的定义是："教学设计是运用系统方法分析研究教学过程中相互联系的各部分的问题和需求. 在连续模式中确立解决它们的方法步骤，然后评价教学成果的系统计划过程."

总体来说，教学设计是根据教学对象和教学目标，确定合适的教学起点与终点，将教学诸要素有序、优化地安排，形成教学方案的过程. 它以教学效果最优化为目的，努力提高教学效率和教学质量，使学习者在单位时间内能够学到更多的知识，更大幅度地提高学习者各方面的能力. 具体而言，教学设计具有以下特征：

第一，教学设计是把教学原理转化为教学材料和教学活动的计划. 教学设计要遵循教学设计过程的基本规律，选择教学目标，以解决"教什么"的问题.

第二，教学设计是实现教学目标的计划性和决策性活动. 教学设计以计划和布局安排的形式，对怎样才能达到教学目标做创造性的决策，以解决"怎样教"的问题.

第三，教学设计以系统方法为指导. 教学设计把教学各要素看成一个系统，分析教学问题和需求，确立解决的程序纲要，使教学效果最优化.

第四，教学设计是提高学习者获得知识、技能的效率和兴趣的技术性过程.

教学设计是教育技术的组成部分,它的功能在于运用系统方法设计教学过程,使之成为一种具有操作性的程序.

二、教学设计组成部分

教学设计是一项系统工程,它由教学目标和教学对象的分析、教学内容和方法的选择以及教学评估等若干个子系统组成,各个子系统有序地按等级结构排列,且前一子系统制约、影响着后一子系统,而后一子系统依存并制约着前一子系统.各子系统既相对独立,又相互依存、相互制约,组成一个有机的整体.各子系统各有功能,其中教学目标起指导其他子系统的作用.同时,教学设计应立足于整体,每个子系统应协调于整个教学设计系统中,做到整体与部分辩证地统一,系统的分析与系统的综合有机地结合,最终达到教学设计的整体优化.教学设计具体包括以下内容.

1. 概述

概述部分一般包含四个要点:① 说明学科和年级;② 描述课题来源和所需课时;③ 概述学习内容;④ 概述这节课的价值以及学习内容的重要性.

2. 教学目标分析

从知识与技能、过程与方法、情感态度与价值观三个方面对课题预计要达到的教学目标做出一个整体描述.

3. 学习者特征分析

说明学习者在知识与技能、过程与方法、情感态度与价值观三个方面的学习准备(学习起点)和学习风格情况.需结合具体情境展开分析,切忌空泛.

同时,说明教师是以何种方式进行学习者特征分析的,比如说是通过平时的观察、了解,或是通过预测题目的编制和使用等.

4. 教学策略选择与设计

说明课题设计的基本理念、主要采用的教学与活动策略,以及这些策略实施过程中的关键问题.

5. 教学资源与工具设计

教学资源与工具包括两个方面:一是支持教师教的资源和工具;二是支持学习者学的资源和工具,包括学习的环境、特定的学习资料、多媒体资源、参考资料、认知工具以及其他需要特别说明的资源.如果是其他专题性学习、研究性学习方面的课程,可能需要描述相应的人力支持及可获得情况.

6. 教学过程

教学过程是教学设计方案的关键所在.在这一部分,要说明教学的环节及所使用的资源、具体的活动及其设计意图以及那些需要特别说明的教师引导语;还要画出教学过程流程图,且流程图中需要清楚标注每一个阶段的教学目标、使用资源和相应的评价方式.

7. 教学评价设计

创建评价表,向学习者展示他们将被如何评价(来自教师和小组其他成员的评价).另外,可以创建一个自我评价表,这样学习者可以用它对自己的学习进行评价.

8. 帮助和总结

说明教师以何种方式向学习者提供帮助和指导,可以针对不同的学习阶段设计相应的帮助和指导,针对不同的学习者提出不同水平的要求,给予不同的帮助.

在教学结束后,对学习者的学习做出简要总结.可以布置一些思考题或练习题以强化学习效果,也可以补充相关内容的网络资料,鼓励学习者扩充知识,把思路拓展到其他领域.

第三节 基于科创素养培育的教学案例分析

基于科创素养培育的教学设计要结合学科特点,尊重、保护、启发学生的创新潜能,采取问题教学法,让学生在学科学习中获得科学探究的机会与支持. 在教学设计时可从以下四方面入手:

一是基于背景提问,引导学生了解单元知识的研究历史、生活现象、在研问题,然后形成单元知识背景研究报告,并尝试提出想要解决的问题.

二是小组合作探究,让学生提出假设,分组制订探索解决问题的方案,在教师指导下展开合作探究.

三是分析解释评估,引导学生整理自己记录的原始数据,教师指导学生报告数据、分析结果,其他小组分析评估.

四是拓展应用创新,引导学生根据相关主题,利用所学知识解决实际问题,展开发明创造和课题研究.

下面以数学专业基础课"常微分方程"为例,选取其中三节内容,探讨基于科创素养培育的教学案例分析.

案例1 一阶线性微分方程

一、教学目标

(1)掌握常数变易法;

（2）掌握一阶线性微分方程的解法；

（3）掌握线性非齐次微分方程解的结构；

（4）掌握伯努利方程的解法；

（5）能够挖掘现实中存在的一阶线性微分方程问题，建立并求解微分方程，进而验证或指导现实.

二、教学重点

（1）伯努利方程的解法；

（2）常数变易法；

（3）现实中存在的一阶线性微分方程问题的表述、求解、解释、验证.

三、教学难点

现实中存在的一阶线性微分方程问题的表述、求解、解释、验证.

四、教学过程

1. 非齐次方程的解法

形如

$$\frac{\mathrm{d}y}{\mathrm{d}x} + P(x)y = f(x) \tag{2-1}$$

的方程称为一阶线性非齐次微分方程；形如

$$\frac{\mathrm{d}y}{\mathrm{d}x} + P(x)y = 0 \tag{2-2}$$

的方程称为一阶线性齐次微分方程.

对于方程（2-2），我们容易看出，这是一个变量可分离方程.通过分离变量可以求得这个方程的通解为

$$y = C\,\mathrm{e}^{-\int P(x)\mathrm{d}x}$$

这样，求解一阶线性微分方程，只需要来探讨如何求解一阶线性非齐次微分方程.通过观察不难发现：方程（2-1）与方程（2-2）的形式很像，只相差了一个右端函数 $f(x)$.那么，我们猜想这两个方程的解也应该有所相像，所以就从方程（2-2）的解入手来寻找方程（2-1）的解.

方程（2-1）稍微变一下形即为

$$\frac{\mathrm{d}y}{\mathrm{d}x} = -P(x)y + f(x)$$

可见，这个方程的解应该是一个乘积的关系，这样把方程（2-2）的解做一下变换，把常数 C 变易成函数 $C(x)$，即

$$y = C(x)\,e^{-\int P(x)\mathrm{d}x}$$

把上式代入方程(2-1)中，得到

$$C'(x)\,e^{-\int P(x)\mathrm{d}x} = f(x)$$

进而

$$C(x) = \int f(x)e^{\int P(x)\mathrm{d}x}\mathrm{d}x + C$$

于是方程(2-2)的解为

$$y = C\,e^{-\int P(x)\mathrm{d}x} + e^{-\int P(x)\mathrm{d}x}\int f(x)e^{\int P(x)\mathrm{d}x}\mathrm{d}x \tag{2-3}$$

这就是一阶线性非齐次微分方程的通解表达式.我们在具体做题的时候,不需要记住这个公式,只需要通过刚才做题的过程来求解即可.一起来回顾一下刚才求解的过程,首先要找到一阶线性非齐次微分方程对应的齐次微分方程,并求得齐次微分方程的通解;然后由常数变易法,将通解中的常数 C 变易成函数 $C(x)$,代入到非齐次微分方程中,能够得到一个等式:

$$C'(x)e^{-\int P(x)\mathrm{d}x} = f(x)$$

进而求得函数 $C(x)$;最后将函数 $C(x)$ 代回到非齐次微分方程的通解中即可.

2. 一阶线性非齐次微分方程通解的结构

我们观察一阶线性非齐次微分方程的通解公式(2-3),可发现:其中 $Ce^{-\int P(x)\mathrm{d}x}$ 是对应的齐次微分方程的通解,而另外一部分 $e^{-\int P(x)\mathrm{d}x}\int f(x)e^{\int P(x)\mathrm{d}x}\mathrm{d}x$ 是所要求的一阶线性非齐次微分方程的特解,即一阶线性非齐次微分方程的解具有下列结构:

$$\text{非齐通} = \text{齐通} + \text{非齐特}$$

这个解的结构很有用,可以用它来检验我们做题时的结果是否正确.

根据上面所讲的内容,我们一起来看下面的例题.

例 1　求解 $\dfrac{\mathrm{d}y}{\mathrm{d}x} = \dfrac{y}{x} + x^2$.

解　对应齐次微分方程为 $\dfrac{\mathrm{d}y}{\mathrm{d}x} = \dfrac{y}{x}$,其通解为

$$y = Cx$$

由常数变易法,令方程 $\dfrac{\mathrm{d}y}{\mathrm{d}x} = \dfrac{y}{x} + x^2$ 的通解为 $y = C(x)x$,代入到此方程中,可以得到

$$C'(x)x = x^2$$

即 $C(x)=\dfrac{x^2}{2}+C$,所以所求方程的通解为

$$y=\frac{x^3}{2}+Cx$$

例 2　求解方程 $\dfrac{\mathrm{d}y}{\mathrm{d}x}-y\cot x=2x\sin x.$

解　原方程对应的齐次微分方程为 $\dfrac{\mathrm{d}y}{\mathrm{d}x}=y\cot x$,其通解为

$$y=C\sin x$$

由常数变易法,令 $y=C(x)\sin x$ 为原方程的解,则有

$$C'(x)\sin x=2x\sin x$$

故 $C(x)=x^2+C$,所以所求方程的通解为

$$y=C\sin x+x^2\sin x$$

3. 一阶线性微分方程的初值问题

下面考虑一阶线性微分方程

$$\begin{cases} \dfrac{\mathrm{d}y}{\mathrm{d}x}+p(x)y=f(x) \\ y(x_0)=y_0 \end{cases}$$

的初值问题

由前面的学习我们知道,在求解一阶线性微分方程时,利用了常数变易法.对于它的初值问题,我们也可利用这个方法.但是,积分时利用定积分,而非不定积分.我们易知上面初值问题中方程的通解形式为

$$y=C(x)\,\mathrm{e}^{-\int_{x_0}^{x}P(\tau)\mathrm{d}\tau}$$

代入即得到 $C'(x)\,\mathrm{e}^{-\int_{x_0}^{x}P(\tau)\mathrm{d}\tau}=f(x)$,整理得 $C'(x)=f(x)\,\mathrm{e}^{\int_{x_0}^{x}P(\tau)\mathrm{d}\tau}$,故

$$C(x)=\int_{x_0}^{x}f(s)\mathrm{e}^{\int_{x_0}^{s}P(\tau)\mathrm{d}\tau}\mathrm{d}s+C$$

所以上述方程的通解为

$$y=C\,\mathrm{e}^{-\int_{x_0}^{x}P(\tau)\mathrm{d}\tau}+\mathrm{e}^{-\int_{x_0}^{x}P(\tau)\mathrm{d}\tau}\int_{x_0}^{x}f(s)\mathrm{e}^{\int_{x_0}^{s}P(\tau)\mathrm{d}\tau}\mathrm{d}s$$

将初值条件 $y(x_0)=y_0$ 代入上式,即得 $y_0=C$,故而所求初值问题的解为

$$y=y_0\,\mathrm{e}^{-\int_{x_0}^{x}P(\tau)\mathrm{d}\tau}+\int_{x_0}^{x}f(s)\mathrm{e}^{\int_{x}^{s}P(\tau)\mathrm{d}\tau}\mathrm{d}s$$

这个初值问题解的公式在理论上非常有用,我们经常利用它来研究微分方程解的性质,例如有界性等.下面我们利用它来做一道例题.

例 3　设函数 $f(x)$ 在区间 $[0,+\infty)$ 上有界且连续,试证明：方程 $\dfrac{\mathrm{d}y}{\mathrm{d}x}+y=f(x)$

的所有解均在区间$[0,+\infty)$上有界.

解 设 $y=y(x)$ 为方程的任意一个解,它满足 $y(x_0)=y_0,x_0\in[0,+\infty)$. 由一阶线性微分方程初值问题解的公式,我们有

$$y=y_0 e^{-(x-x_0)}+\int_{x_0}^{x}f(s)e^{(s-x)}ds$$

由于函数 $f(x)$ 有界,故存在正数 M,使得 $|f(x)|\leqslant M$. 于是,对于 $x\geqslant x_0$,我们有

$$|y(x)|\leqslant|y_0|e^{-(x-x_0)}+\int_{x_0}^{x}|f(s)|e^{(s-x)}ds\leqslant|y_0|+Me^{-x}\int_{x_0}^{x}e^s ds$$
$$=|y_0|+Me^{-x}(e^x-e^{x_0})=|y_0|+M[1-e^{-(x-x_0)}]$$
$$\leqslant|y_0|+M$$

4. 伯努利方程

形如

$$\frac{dy}{dx}+p(x)y=f(x)y^n \quad (n\neq 0,n\neq 1)$$

的方程称为伯努利方程.

当 $n=0$ 时,易知这是一个一阶线性非齐次微分方程;当 $n=1$ 时,这是一个变量可分离方程;当 $n\neq 0,n\neq 1$ 时,这是一个非线性微分方程.

虽然伯努利方程是非线性的,但是我们观察能发现,该方程与前面学习的一阶线性非齐次微分方程,只在等式右端有所区别. 如对伯努利方程做一下变换,就能够将它变为一阶线性微分方程,具体做法如下:

(1) 伯努力方程两端同时乘以 y^{-n},方程变形为

$$y^{-n}\frac{dy}{dx}+p(x)y^{1-n}=f(x)$$

(2) 令 $z=y^{1-n}$,则(1)中的方程变形为

$$\frac{dz}{dx}+(1-n)p(x)z=(1-n)f(x)$$

即伯努利方程化为一阶线性微分方程.

我们来看一个例题.

例4 求解方程 $\dfrac{dy}{dx}=\dfrac{y}{2x}+\dfrac{x^2}{2y}$.

解 这是 $n=-1$ 的伯努利方程,在其两端同时乘以 $2y$,得到方程 $2y\dfrac{dy}{dx}=\dfrac{y^2}{x}+x^2$. 令 $z=y^2$,则 $\dfrac{dz}{dx}=2y\dfrac{dy}{dx}$,方程化为

$$\frac{dz}{dx}=\frac{z}{x}+x^2$$

求解得到 $z = Cx + \dfrac{x^3}{2}$，整理得到原方程的解为

$$y = \pm\sqrt{Cx + \dfrac{x^3}{2}}$$

五、科创练习

练习 1　药物中毒的施救方案

明确问题　如果服用药物过量，医生该如何救治？救治方案与血药浓度相关，血药浓度该如何求得？是否可以借助线性微分方程建立模型？

背景介绍　在医院的急诊室里，两位家长特别着急，诉说他们的孩子在两小时前一次性误吞下 11 片（剂量 100 mg/片）氨茶碱片（此药是治疗哮喘病的药物，服用过量会中毒），目前孩子已出现头晕、呕吐等不良症状．医生需要根据孩子的血药浓度进行判断，并给出紧急施救方案．

模型准备

（1）血药浓度．

人服用一定量药物后，血药浓度（单位血液容积中的药量）与人体的血液总量有关，血药浓度＝药量/人体血液总量．

（2）人体血液总量．

通常，人体血液总量约为体重的 7%～8%，例如体重 50～60 kg 的成年人有 4000 mL 左右的血液．这个孩子的体重约为成年人的一半，可认为其血液总量约为 2000 mL．

（3）药品常识．

按照药品使用说明书，氨茶碱的成人用量是 100～200 mg/次，儿童用量是每次 3～5 mg/kg 身重．过量服用可使血药浓度过高，当血药浓度达 100 μg/mL 时会出现严重中毒症状，200 μg/mL 浓度可致命．

血液系统对药物的吸收率和排除率可以由半衰期（下降一半所需时间）确定．半衰期可以从药品使用说明书上查到（氨茶碱被吸收的半衰期为 5 h，排除的半衰期为 6 h）．

（4）治疗手段．

紧急治疗方案：① 催吐；② 口服活性炭；③ 血液体外透析．

模型假设

（1）如果认为血液系统内药物分布，即血药浓度均匀，可以将血液系统看作一个房室，建立"一室模型"．

（2）关键变量的引入：胃肠道中的药量为 $x(t)$，血液系统中的药量为 $y(t)$，时间 t 以孩子误服药的时刻为起点（$t=0$）．

（3）胃肠道中药物向血液的转移率与 $x(t)$ 成正比，比例系数为 $\lambda(\lambda > 0)$，药物总剂量 1100 mg 在 $t = 0$ 瞬间进入胃肠道，$x(0) = 1100$ mg.

（4）血液系统中药物的排除率与 $y(t)$ 成正比，比例系数为 $\mu(\mu > 0)$，$t = 0$ 时血液中无药物，$y(0) = 0$ mg.

（5）氨茶碱被吸收的半衰期为 5 h，排除的半衰期为 6 h.

（6）孩子的血液总量为 2000 mL.

模型建立及求解

根据前面假设，$x(t)$ 减少的速度与 $x(t)$ 成正比（系数 λ），可以建立线性微分方程

$$\frac{\mathrm{d}x}{\mathrm{d}t} = -\lambda x$$

$y(t)$ 由吸收而增加的速度是 λx，由排除而减少的速度与 $y(t)$ 成正比（比例系数 μ），可以建立线性微分方程

$$\frac{\mathrm{d}y}{\mathrm{d}t} = \lambda x - \mu y$$

由氨茶碱被吸收的半衰期

$$\lambda = (\ln 2)/5 = 0.1386 \quad （单位：\mathrm{h}^{-1}）$$

通过求解线性微分方程，可以得到胃肠道中的药量为

$$x(t) = 1100\mathrm{e}^{-0.1386t}$$

血液系统中的药量为

$$y(t) = 6600(\mathrm{e}^{-0.1155t} - \mathrm{e}^{-0.1386t})$$

图 2-1 给出了 $x(t)$ 和 $y(t)$ 的图形.

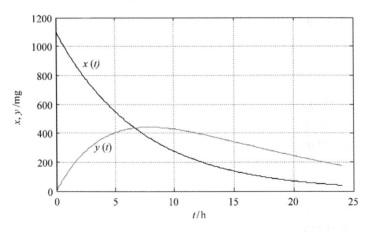

图 2-1　胃肠道与血液系统中的药量

通过分析,可知孩子到达医院时已严重中毒 2 h,如不及时施救,约 3 h 后将致命! 口服活性炭使药物排除率 μ 增至原来的 2 倍,此时血液系统中的药量为

$$z(t)=1650e^{-0.1386t}-1609.5e^{-0.2310t}, \quad t\geqslant 2$$

如图 2-2 所示,把 $x(t)$、$y(t)$ 和 $z(t)$ 的图形画在同一坐标系中,从中可看出口服活性炭的作用.

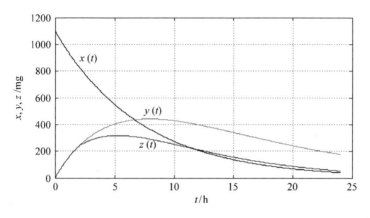

图 2-2　是否口服活性炭时血液系统中药量的比较

体外血液透析,药物排除率可增加到原来的 6 倍,即 μ 可增至 $0.1155\times6=0.693$,血液中的药量下降更快.

临床是否需要采取这种疗法,当由医生综合考虑并因有一定风险、价格较贵等原因需征求病人家属意见后确定.

练习 2　经济如何保持增长? 实现经济增长与哪些因素有关?

明确问题　经济增长模型指的是经济增长的理论结构,它所要说明的是经济增长与有关变量之间的因果关系和数量关系.对经济增长的不同理论分析构成不同的经济增长模型.针对两个著名的经济增长模型,即哈罗德-多马经济增长模型和新古典经济增长模型,探讨产值与资金、劳动力、技术等经济变量之间的关系,并在此基础上讨论如何调节相关经济要素的增长率,从而使经济保持增长;思考是否可以借助线性微分方程建立模型.

背景介绍　英国经济学家哈罗德与美国学者多马几乎同时各自提出了经济增长模型.由于两者在形式上极为相似,所以被合称为哈罗德-多马经济增长模型.两者的区别在于哈罗德以凯恩斯的储蓄-投资分析方法为基础,提出资本主义经济实现长期稳定增长模型;而多马则以凯恩斯的有效需求原理为基础,得出与哈罗德相同的结论.哈罗德-多马经济增长模型考察的是一国长期实现经济稳定、均衡增长所需的条件.新古典经济增长模型是现代新古典学派的经济增长理

论.由经济学家索洛和斯旺在 1956 年分别发表的《对经济增长理论的一个贡献》和《经济增长与资本积累》等论文中首先提出.其后,英国经济学家米德在 1961 年发表的《经济增长的一个新古典理论》中进行了系统地表述.由于他们的模型像古典经济学家那样,把充分就业视为必然趋势,因而被称为新古典经济增长模型.这个模型有两点区别于哈罗德-多马经济增长模型的假定.第一,假定有资本经济和劳动力两个生产要素,它们是能够相互替换的.据此,一定的资本量同较多的劳动相结合,资本生产率就高;反之,资本生产率就低.而在哈罗德-多马经济增长模型中,资本和劳动是按固定比例组合的.第二,假定在任何时候,资本和劳动力这两个生产要素都可以得到充分利用.因为资本和劳动力可以替换,所以在完全竞争条件下也就不存在生产要素闲置的问题了.

模型假设

（1）不存在货币部门,且价格水平不变;

（2）劳动力 N 按不变的、由外部因素决定的增长率 n 增长,即 $\dfrac{\mathrm{d}N/\mathrm{d}t}{N}=n$ 为常数;

（3）社会的储蓄率,即储蓄与收入的比率不变,若记 S 为储蓄,s 为储蓄率,则 $\dfrac{S}{Y}=s$ 为常数（Y 为收入）;

（4）社会生产过程只使用劳动力 N 和资本 K 两种生产要素,且两种要素不能互相替代;

（5）不存在技术进步.

模型建立及求解

1. 生产函数

根据假设（4）,生产函数可以写为

$$Y=Y(N,K)=\min(VK,ZN) \tag{2-4}$$

式中,$V=\dfrac{Y}{K}$,为产出-资本比;$Z=\dfrac{Y}{N}$,为产出-劳动力比;V 和 Z 为固定的常数.

2. 产出和资本

根据上面的说明,由 $V=\dfrac{Y}{K}$ 有

$$Y=VK \tag{2-5}$$

对式（2-5）关于时间 t 求微分有

$$\frac{\mathrm{d}Y}{\mathrm{d}t}=V\frac{\mathrm{d}K}{\mathrm{d}t} \tag{2-6}$$

式（2-5）说明,经济中供给的总产出等于产出-资本比乘以资本投入;式（2-6）则说明,总产出随时间的变化率由产出-资本比和资本存量变化率（即投资水平）

所决定.

另外,在只包括居民户和厂商的两部门经济中,经济活动达到均衡状态时,要求投资(记作 I)等于储蓄,即

$$I=S \tag{2-7}$$

根据模型假定,有 $S=sY$,而 $I=\dfrac{\mathrm{d}K}{\mathrm{d}t}$,故式(2-7)变为

$$\frac{\mathrm{d}K}{\mathrm{d}t}=sY \tag{2-8}$$

将式(2-8)代入到式(2-6),并对其进行变形,有

$$\frac{\mathrm{d}Y/\mathrm{d}t}{Y}=Vs \tag{2-9}$$

式(2-8)就是在资本得到充分利用条件下总产出的增长率所必须满足的关系.在 V 和 S 都为常数的条件下,式(2-8)的解为

$$Y=A\mathrm{e}^{Vst} \tag{2-10}$$

其中 A 为常数.

将式(2-5)代入到式(2-8),并对其进行整理,得

$$\frac{\mathrm{d}K/\mathrm{d}t}{K}=Vs \tag{2-11}$$

比较式(2-9)和式(2-11)可知,为了使资本得到充分利用,总产出 Y 与资本 K 必须同步增长,其增长率由储蓄率和产出-资本比确定.按照哈罗德的说法,这一增长率被称为有保证的增长率,记为 G_w,即 $G_w=Vs$.至此,已建立了资本得到充分利用时经济增长的条件.

3. *产出与劳动力*

一方面,根据模型假定,劳动力增长率 $\dfrac{\mathrm{d}N/\mathrm{d}t}{N}=n$ 为常数.另一方面,根据生产函数,在充分就业情况下,总产出和劳动力的关系为

$$V=zN \tag{2-12}$$

其中 z 为参数.在参数 z 为常数的情况下,式(2-12)意味着总产出必须与劳动力同步增长.事实上,对式(2-12)关于时间 t 进行微分,有

$$\frac{\mathrm{d}Y}{\mathrm{d}t}=z\frac{\mathrm{d}N}{\mathrm{d}t} \tag{2-13}$$

用式(2-12)除式(2-13),得

$$\frac{\mathrm{d}Y/\mathrm{d}t}{Y}=\frac{\mathrm{d}N/\mathrm{d}t}{N}=n \tag{2-14}$$

式(2-14)就是劳动力充分就业时经济增长的条件.这一条件的含义是,如果要使经济实现充分就业的均衡增长,总产出的增长率必须等于劳动力的增长率.哈罗

德将这一增长率称为自然增长率，记为 G_N，即 $G_N = n$.

4. 经济均衡增长的条件

为了得到哈罗德-多马经济增长模型均衡增长的条件，先考察生产函数的等产量，如图 2-3 所示.

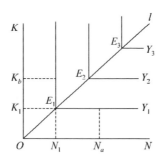

图 2-3　哈罗德-多马均衡增长条件

从图 2-3 中可以看到，为了达到 Y_1 的产出水平，该经济需要 N_1 单位的劳动力和 K_1 单位的资本，均衡点为 E_1. 如果该经济有 N_a 单位的劳动力和 K_1 单位的资本，那么该经济的产出水平也只能是 Y_1. 在这种情况下，一些劳动力会因缺乏生产性资本不能从事生产而处于失业状态. 同样，如果该经济只有 N_1 单位的劳动力，而拥有 K_b 单位的资本，其最大产出水平仍然为 Y_1. 在这种情况下，大量生产性资本又会因劳动力不足而被闲置. 显然，在图 2-3 中通过原点的直线 l 上的 E_1，E_2，E_3 等点处，经济中所有的生产投入（在这里即劳动和资本）都被充分利用.

根据本节前面的讨论，为了使经济中资本和劳动力都得到充分利用，总产出的增长率必须满足的条件是，有保证的增长率 G_W 等于自然增长率 G_N，即

$$G_W = G_N \tag{2-15}$$

由于 $G_W = Vs$，$G_N = s$，故上式又可写为

$$Vs = n \tag{2-16}$$

式（2-15）被称为哈罗德-多马均衡增长条件. 如果这一条件不能满足，如 $G_N > G_W$，则失业率就会上升；反之，如果 $G_W > G_N$，则会出现大量资本闲置.

在哈罗德-多马经济增长模型的框架下，式（2-16）给出了保证经济均衡增长、产出资本比 V、储蓄率 s 和劳动力增长率之间的内在联系. 哈罗德认为，由于储蓄率、产出-资本比率和劳动力增长率这三个因素分别由不同的因素决定，因此在现实中没有任何经济机制可以确保 G_W 等于 G_N. 更何况，即使由于偶然原因，$G_W = G_N$，使经济处于均衡增长路径上，但一旦出现某种扰动，有保证的增长率就会越来越偏离自然增长率. 换言之，即使存在均衡增长路径，但

该路径也是不稳定的.从一定意义上说,哈罗德-多马经济增长模型倒可以用来解释一些非均衡增长的现象.

哈罗德-多马经济增长模型作为一种早期的增长理论,虽然具有简单、明确的特点,但该模型关于劳动力和资本不可相互替代以及不存在技术进步的假定也在一定程度上限制了其对现实的解释.在西方经济增长理论的文献中,经济学家几乎公认,美国经济学家罗伯特·索洛在 20 世纪 50 年代后半期所提出的新古典增长理论是 20 世纪五六十年代最著名的关于经济增长问题的研究成果.

案例 2　事件的独立性与独立试验概型

一、教学目标
(1) 理解事件的独立性、独立重复试验;
(2) 掌握用事件独立性进行概率计算;
(3) 会求有关事件的概率.

二、教学重点
(1) 事件的独立性;
(2) 独立试验概型.

三、教学难点
独立重复试验下求有关事件概率的方法的应用.

四、教学过程
1. 事件的独立性

定义 1　对于事件 A 与 B,若 $P(AB)=P(A)P(B)$,则称事件 A 与 B 是独立的.

事件 A 与 B 的地位具有对称性,两事件之间的独立性是相互的,故也称 A 与 B 相互独立.

性质 1　设事件 A 与 B 相互独立,若 $P(B)>0$,则 $P(B|A)=P(B)$,即事件 B 发生并不影响事件 A 发生的概率.

性质 2　如果事件 A 与 B 是独立的,则事件 A 与 $\overline{B}$,$\overline{A}$ 与 B,$\overline{A}$ 与 $\overline{B}$ 也是独立的.

定义 2　设有试验 E 中的 n 个事件 $A_1,A_2,\cdots,A_n$,如果对其中任意 m 个事件 $A_{i_1},A_{i_2},\cdots,A_{i_m},1\leqslant i_1<i_2<\cdots<i_m\leqslant n,2\leqslant m\leqslant n$,有

$$P(A_{i_1} \bigcap A_{i_1} \bigcap \cdots \bigcap A_{i_m}) = P(A_{i_1})P(A_{i_2})\cdots P(A_{i_m}),$$

则称 $A_1, A_2, \cdots, A_n$ 相互独立.

2. 独立试验概型

在应用中，常会遇到在相同条件下进行重复独立试验的问题.

一般地，如果在试验 E 中，每次试验可能出现的所有结果是 $A_1, A_2, \cdots, A_k$，其相应的概率分别为 $p_1, p_2, \cdots, p_k$，进行 n 次独立重复试验，考察 A_i 出现 m_i 次的概率，称这种概型为 n 次独立试验概型.

特别地，当 $k=2$ 时，每次试验的可能结果只有：A 与 $\overline{A}$，且每次试验都有 $P(A)=p, P(\overline{A})=1-p=q$，这种特别的概型称为伯努利试验概型.

定理 对于伯努利概型，事件 A 在 n 次试验中出现 k 次的概率为

$$P_n(A) = C_n^k p^k q^{n-k}, \quad k=0,1,\cdots,n$$

其中 $0<p<1, q=1-p$.

五、科创练习

电路系统可靠性问题

明确问题 物理实验中对于不同的电路系统，如何建立模型？各个电子元件正常工作是否是相互独立的事件？电路系统可以正常工作的概率如何求得？

背景介绍 物理实验中有多种电路系统，例如并联系统、串联系统、混联系统.电路系统中各个电子元件可能正常工作，也可能发生损坏，在各个电子元件损坏概率已知的情况下，如何求得整个系统的可靠性？

模型准备

并联系统、串联系统分别如图 2-4(a),(b)所示

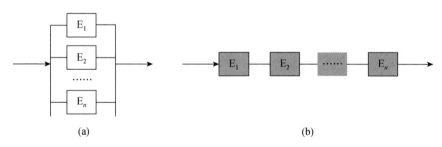

(a)   (b)

图 2-4 并联系统和串联系统示意图

设 $A=\{$系统正常工作$\}$，$A_i=\{$元件 E_i 正常工作$\}(i=1,2,\cdots)$，且 $P(A_i)=p_i$ 和 $P(\overline{A_i})=1-p_i=q_i$.

（1）并联系统.

在并联系统中，所有元件中至少有一个可靠，该系统就可以正常工作，所

以 $A = A_1 \bigcup A_2 \bigcup \cdots \bigcup A_n$,于是该系统的可靠性为

$$P(A) = P(A_1 \bigcup A_2 \bigcup \cdots \bigcup A_n) = 1 - P \overline{(A_1 \bigcup A_2 \bigcup \cdots \bigcup A_n)}$$
$$= 1 - P(\overline{A}_1 \bigcap \overline{A}_2 \bigcap \cdots \bigcap \overline{A}_n)$$

（2）串联系统.

在串联系统中,必须每个元件都正常工作才能保证该系统正常工作,所以有 $A = A_1 \bigcap A_2 \bigcap \cdots \bigcap A_n$,于是,该系统的可靠性为

$$P(A) = P(A_1 \bigcap A_2 \bigcap \cdots \bigcap A_n)$$

模型假设

假设各个元件能否正常工作是相互独立的,则并联系统的可靠性为

$$P(A) = 1 - P(\overline{A}_1 \bigcap \overline{A}_2 \bigcap \cdots \bigcap \overline{A}_n) = 1 - P(\overline{A}_1)P(\overline{A}_2)\cdots P(\overline{A}_n) = 1 - \prod_{i=1}^{n} q_i$$

串联系统的可靠性为

$$P(A) = P(\overline{A}_1 \bigcap \overline{A}_2 \bigcap \cdots \bigcap \overline{A}_n) = P(\overline{A}_1)P(\overline{A}_2)\cdots P(\overline{A}_n) = \prod_{i=1}^{n} q_i$$

模型建立与求解

假设图 2-5 给出的混联系统 S 中元件 $E_1, E_2, E_3, E_4, E_5, E_6$ 停止工作的概率均为 0.3,且各元件是否停止工作是相互独立的,求混联系统 S 停止工作的概率.

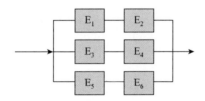

图 2-5　混联系统 S

设 $B = \{$混联系统 S 停止工作$\}$,$B_i = \{$元件 E_i 不正常工作$\}(i = 1, 2, \cdots, 6)$,且 $P(B_i) = 0.3$ 和 $P(\overline{B}_i) = 1 - 0.3 = 0.7$.

混联系统 S 中 E_1, E_2 串联,E_3, E_4 串联,E_5, E_6 串联,且三条串联线路并联.

先求每条串联线路停止工作的概率：

$$P(B_1 \bigcup B_2) = 1 - P(\overline{B_1 \bigcup B_2}) = 1 - P(\overline{B}_1 \bigcap \overline{B}_2) = 1 - P(\overline{B}_1)P(\overline{B}_2)$$
$$= 1 - 0.49 = 0.51$$

同理可得

$$P(B_3 \bigcup B_4) = P(B_5 \bigcup B_6) = P(B_1 \bigcup B_2) = 0.51$$

三条串联线路是并联在一起的,故有

$$P(B) = P((B_1 \bigcup B_2) \bigcap (B_3 \bigcup B_4) \bigcap (B_5 \bigcup B_6))$$

$$= P(B_1 \bigcup B_2)P(B_3 \bigcup B_4)P(B_5 \bigcup B_6)$$
$$= 0.51^3 \approx 0.1327$$

于是混联系统 S 停止工作的概率为 0.1327.

案例 3　微分方程

一、教学目标

（1）掌握微分方程的基本概念；

（2）掌握可分离变量方程的解法；

（3）能够挖掘现实中存在的函数与其导数的关系，建立微分方程并求解，进而验证或指导现实.

二、教学重点

（1）微分方程的概念；

（2）可分离变量方程的求解；

（3）现实中存在的微分方程问题的抽象表述、求解、验证解释.

三、教学难点

微分方程的理解；现实中存在的微分方程问题的抽象表述、求解、验证解释.

四、教学过程

函数是客观事物的内部联系在数量方面的反映．在许多问题中，往往不能直接找出所需要的函数关系，但是根据问题所提供的情况，可以列出含有要找的函数及其导数的关系式，这种关系式就是所谓的微分方程.

下面通过几何、力学及物理学中的问题来引出微分方程的基本概念.

例　一曲线通过点 $(1,2)$，且在该曲线上任一点 $M(x,y)$ 处的切线的斜率为 $2x$，求这一曲线的方程.

解：设所求曲线方程为 $y = \varphi(x)$．根据导数的几何意义（函数 $y = \varphi(x)$ 在点 x 处的导数为曲线 $y = \varphi(x)$ 在点 $M(x,y)$ 处的斜率），可知未知函数 $y = \varphi(x)$ 应该满足关系式

$$\frac{\mathrm{d}y}{\mathrm{d}x} = 2x \tag{2-17}$$

此外，未知函数 $y = \varphi(x)$ 还应满足下列条件：

$$x = 1 \text{ 时 } y = 2. \tag{2-18}$$

把式(2-17)两端积分,得 $y=\int 2x\mathrm{d}x$,即

$$y = x^2 + C \tag{2-19}$$

其中 C 为任意常数.

把条件"$x=1$ 时 $y=2$"代入式(2-19),得 $2=1^2+C$,由此得出 $C=1$,把 $C=1$ 代入式(2-19),即得所求曲线方程 $y=x^2+1$.

一般地,凡表示未知函数、未知函数的导数与自变量之间的关系的方程叫作微分方程,有时也简称方程.微分方程中所出现的未知函数的最高阶导数的阶数叫作微分方程的阶.例如,方程(2-17)是一阶微分方程.当未知函数为一元函数时,微分方程称为常微分方程;当未知函数为多元函数时,微分方程称为偏微分方程,我们只讨论常微分方程.

由前面的例子我们看到,在研究某些实际问题时,首先要建立微分方程,然后找出满足微分方程的函数(解微分方程).如果把一个函数代入微分方程能使方程成为恒等式,那么这个函数叫作微分方程的解.

如果微分方程的解中含有任意常数,且独立的任意常数的个数与微分方程的阶数相同,这样的解叫作微分方程的通解.例如,函数(2-19)是方程(2-17)的解,且是通解.确定了通解中的任意常数后,就得到了微分方程的特解.求微分方程 $y'=f(x,y)$ 满足初值条件 $y|_{x=x_0}=y_0$ 的特解这样的问题叫作一阶微分方程的初值问题,记作
$$\begin{cases} y'=f(x,y) \\ y|_{x=x_0}=y_0 \end{cases}$$

微分方程的解的图形是曲线,叫作微分方程的积分曲线.

一般地,如果一个微分方程能写成 $g(y)\mathrm{d}y=f(x)\mathrm{d}x$ 的形式,那么这个微分方程就称为可分离变量方程.

五、科创练习

发射卫星为什么用三级火箭

明确问题　现代火箭的动力为什么采用三级推进模式?为什么不能用一级火箭发射卫星?

背景介绍　常用的运载火箭按其所用的推进剂来分,可分为固体火箭、液体火箭和固液混合型火箭三种类型.如我国的长征三号运载火箭是一种三级液体火箭;长征一号运载火箭则是一种固液混合型的三级火箭,其第一级、第二级是液体火箭,第三级是固体火箭.通过观察发现火箭大多采用三级模式,为什么不采用一级模式呢?

模型准备

1. 探究火箭飞行模型

(1) 将卫星送入 600 km 高空轨道时,火箭所需的最低速度是多少?

模型假设

首先将问题理想化,假设:

① 卫星轨道是以地球中心为圆心的某个平面上的圆周,卫星在此轨道上以地球引力作为向心力绕地球做平面匀速圆周运动;

② 地球是固定于空间中的一个均匀球体,其质量集中于球心;

③ 其他星球对卫星的引力忽略不计.

模型建立与求解

设地球半径为 R,质量为 M;卫星轨道半径为 r,卫星质量为 m. 根据假设② 和假设③,卫星只受到地球的引力,由牛顿万有引力定律可知其引力大小为

$$F = \frac{GMm}{r^2} \tag{2-20}$$

其中 G 为万有引力常数. 为消去常数 G,把卫星放在地球表面,则由式(2-20)得

$$mg = \frac{GMm}{R^2} \quad 或 \quad GM = R^2 g$$

其中 $g = 9.81 \text{ m/s}^2$ 为重力加速度. 再代入式(2-20),得

$$F = mg \left(\frac{R}{r} \right)^2 \tag{2-21}$$

根据假设②,若卫星围绕地球做匀速圆周运动的速度为 v,则其向心力为 mv^2/r. 因卫星所受的地球引力就是它做匀速运动的向心力,故有

$$mg \left(\frac{R}{r} \right)^2 = \frac{mv^2}{r}$$

由此便推得卫星距地面 $r-R$ 时必需的最低速度满足的数学模型

$$v = R \sqrt{\frac{g}{r}} \tag{2-22}$$

取 $R = 6400 \text{ km}$,$r - R = 600 \text{ km}$,代入式(2-22),得

$$v \approx 7.6 \text{ km/s}$$

即要把卫星送入离地面 600 km 高的轨道,火箭的末速度最低约为 7.6 km/s.

（2）火箭推进力及升空速度是多少?

模型假设

火箭的简单模型由一台发动机和一个燃料仓组成. 燃料燃烧产生的大量气体从火箭末端喷出,给火箭一个向前的推进力. 火箭飞行要受地心引力、空气阻力、地球自转与公转的影响,使火箭升空后做曲线运动. 为使问题简化,假设:

① 火箭在喷气推动下做直线运动,火箭所受的重力和空气阻力忽略不计;

② 在 t 时刻火箭的质量为 $m(t)$,升空速度为 $v(t)$,且均为时间 t 的连续可微函数;

③ 从火箭末端喷出气体的速度(相对火箭本身)为常数 u.

模型建立与求解

由于火箭在运动过程中不断喷出气体,使其质量不断减少,在 $(t,t+\Delta t)$ 内的减少量可由泰勒展开式表示为

$$m(t+\Delta t) - m(t) = \frac{\mathrm{d}m}{\mathrm{d}t}\Delta t + o(\Delta t) \tag{2-23}$$

因为喷出的气体相对于地球的速度为 $v(t)-u$,所以由动量守恒定律有

$$m(t)v(t) = m(t+\Delta t)v(t+\Delta t) - \left(\frac{\mathrm{d}m}{\mathrm{d}t}\Delta t + o(\Delta t)\right)(v(t)-u) \tag{2-24}$$

从式(2-23)和式(2-24)可得火箭的升空速度与质量满足的数学模型

$$m\frac{\mathrm{d}v}{\mathrm{d}t} = -u\frac{\mathrm{d}m}{\mathrm{d}t} \tag{2-25}$$

令 $t=0$ 时,$v(0)=v_0$,$m(0)=m_0$,求解得火箭的升空速度为

$$v(t) = v_0 + u\ln\frac{m_0}{m(t)} \tag{2-26}$$

式(2-25)表明,火箭所受推进力等于燃料消耗速度与喷气速度(相对火箭)的乘积. 式(2-26)表明,在 v_0,m_0 一定的条件下,升空速度 $v(t)$ 由喷气速度(相对火箭)u 及质量比 $m_0/m(t)$ 决定. 这为提高火箭的升空速度找到了正确途径,即从燃料上设法提高 u 值,从结构上设法减少 $m(t)$.

(3) 一级火箭末速度上限是多少?

模型假设

火箭-卫星系统的质量可分为三部分:m_p(有效负载,如卫星),m_F(燃料质量),m_s(结构质量,如外壳、燃料容器及推进器). 一级火箭末速度上限主要是受目前技术条件的限制,假设:

① 目前技术条件为:相对火箭的喷气速度 $u=3$ km/s 及 $\frac{m_s}{m_F+m_s}\geqslant\frac{1}{9}$;

② 初速度 v_0 忽略不计,即 $v_0=0$.

模型建立与求解

因为升空火箭的最终(燃料耗尽)质量为 m_p+m_s,由式(2-26)及假设②得到火箭末速度为

$$v = u\ln\frac{m_0}{m_p+m_s} \tag{2-27}$$

令 $m_s=\lambda(m_F+m_s)=\lambda(m_0-m_p)$,代入上式,得

$$v = u\ln\frac{m_0}{\lambda m_0 + (1-\lambda)m_p} \tag{2-28}$$

当卫星脱离火箭,即 $m_p=0$ 时,于是得到火箭末速度上限满足的数学模型为

$$v^0 = u\ln\frac{1}{\lambda}.$$

由假设①，取 $u=3$ km/s，$\lambda=0.1$，便到火箭末速度上限 $v^0=3\ln9\approx6.6$ km/s.

可见，用一级火箭发射卫星，在目前技术条件下无法达到相应高度所需的速度.

2. 理想火箭模型

从前面对问题的假设和分析可以看出：火箭推进力自始至终在加速整个火箭，然而随着燃料的不断消耗，所出现的无用结构也在随之不断加速，做了无用功，故效益低，浪费大.

所谓理想火箭，就是能够随着燃料消耗不断抛弃火箭的无用结构. 下面建立数学模型.

模型假设

假设：在 $(t,t+\Delta t)$ 时段丢弃的无用结构质量与烧掉的燃料质量以 λ 与 $1-\alpha$ 的比例同时进行.

模型建立与求解

由动量守恒定律，得到

$$m(t)v(t) = m(t+\Delta t)v(t+\Delta t) - \alpha\frac{dm}{dt}\Delta t \cdot v(t) - (1-\alpha)\frac{dm}{dt}\Delta t(v(t)-u) + o(\Delta t)$$

由上式可得理想火箭的数学模型为

$$-m(t)\frac{dv(t)}{dt} = (1-\alpha)\frac{dm}{dt}u \tag{2-29}$$

且满足 $v(0)=0,m(0)=m_0$，解之得

$$v(t) = (1-\alpha)u\ln\frac{m_0}{m(t)} \tag{2-30}$$

由式(2-30)可知，当燃料耗尽，无用结构抛弃完时，便只剩卫星的质量 m_p，从而最终速度满足的数学模型为

$$v(t) = (1-\alpha)u\ln\frac{m_0}{m_p} \tag{2-31}$$

式(2-31)表明，当 m_0 足够大时，便可使卫星达到我们所希望它具有的任意速度. 例如，考虑到空气阻力和重力等因素，估计要使 $v=10.5$ km/s 才行，如果取 $u=3$ km/s，$\alpha=0.1$，则可推出 $m_0/m_p=50$，即发射 1 t 的卫星大约需 50 t 的理想火箭.

3. 多级火箭卫星系统

理想火箭是设想把无用结构质量连续抛弃以达到最佳的升空速度，虽然这在目前的技术条件下办不到，但它确实为发展火箭技术指明了奋斗目标. 目前已商业化的多级火箭卫星系统便朝着这种目标迈进了第一步. 多级火箭是

56

从末级开始逐级燃烧,当第 i 级火箭的燃料烧尽时,第 $i+1$ 级火箭立即自动点火,并抛弃已经无用的第 i 级. 我们用 m_i 表示第 i 级火箭的质量,m_p 表示有效负载.

为了简单起见,先做如下假设:

① 设各级火箭具有相同的 λ,λm_i 表示第 i 级结构的质量,$(1-\lambda)m_i$ 表示第 i 级火箭的燃料质量.

② 喷气相对火箭的速度相同,燃烧级的初始质量与其负载质量之比保持不变,记该比值为 k.

先考虑二级火箭. 由式(2-26),当第一级火箭的燃料烧完时,火箭的速度为

$$v_1 = u\ln\frac{1}{\lambda}\frac{m_1+m_2+m_p}{\lambda m_1+m_2+m_p} = u\ln\frac{k+1}{\lambda k+1}$$

在第二级火箭的燃料烧完时,火箭的速度为

$$v_2 = v_1 + u\ln\frac{1}{\lambda}\frac{m_2+m_p}{\lambda m_2+m_p} = 2u\ln\frac{k+1}{\lambda k+1} \tag{2-32}$$

仍取 $u=3\ \text{km/s}$,$\lambda=0.1$,考虑到阻力等因素,为了达到第一宇宙速度,对于二级火箭,欲使 $v_2=10.5\ \text{km/s}$,由式(2-32)得

$$6\ln\frac{k+1}{0.1k+1}=10.5$$

解之得 $k=11.2$,这时

$$\frac{m_0}{m_p} = \frac{m_1+m_2+m_p}{m_p} = (k+1)^2 \approx 149$$

同理,可推出三级火箭的速度为

$$v_3 = 3u\ln\frac{k+1}{\lambda k+1}$$

欲使 $v_3=10.5\ \text{km/s}$,应该 $k\approx 3.25$,从而 $m_0/m_p \approx 77$.

与二级火箭相比,在达到相同效果的情况下,三级火箭的质量几乎节省了一半. 记 n 级火箭的总质量(包括有效负载 m_p)为 m_0,在相同假设下($u=3\ \text{km/s}$, $v_末=10.5\ \text{km/s}$,$\lambda=0.1$),可以算出相应的 m_0/m_p 值. 现将计算结果列于表 2-5.

表 2-5　n 级火箭 m_0/m_p 值统计表

级数 n	1	2	3	4	5	…	∞
m_0/m_p	$\times$	149	77	65	60	…	50

实际上,由于受到现有技术条件的限制,采用四级或四级以上的火箭,经济效益是不合算的,因此目前采用三级火箭是最好的方案.

第三章 数学教育教学课程中 科创素养培育设计与实施

第一节 基于科创素养培育的教学大纲设计

　　数学教育具备发展素质教育的功能,可以帮助学生掌握现代生活和学习所必需的数学知识、技能、思想方法;提升学生的数学素养,引导学生用数学眼光观察世界,用数学思维认识世界,用数学语言表达世界;促进学生思维能力、实践能力和创新意识的发展,探寻事物变化规律,增强社会责任感;同时在学生形成正确的人生观、价值观、世界观等方面发挥独特作用.近年来,"数字化实验""3D打印""VR体验""互联网＋"等新技术或新设备逐渐进入中小学课堂教学之中,给中小学的教学带来了新的机遇与挑战.科创教育作为跨学科、融合多种新技术的创新教育,正在席卷全国,并逐步进入中小学数学教育教学当中.《教育信息化"十三五"规划》中明确提出,要积极探索信息技术在跨学科学习(STEAM教育)以及创客教育等新的教育模式中的应用,着力提升学生的信息素养、创新意识和创新能力.因此,科创教育是一种将创客教育和STEAM教育融合在一起,并以跨学科学习为主的创新型教育.科创教育是一种强调学生在玩中做、做中学、学中做、做中创的教育形态,是在"互联网＋"时代新出现的一种融创新教育、体验教育、项目学习等思想为一体的新型教育模式;是一种培养学生具有实践、创新、协作、分享特质的素质教育;是一种以STEAM课程和创客教育为载体,在课程中体验,在活动中创新,注重动手实践、注重跨界融合、注重开拓创新、鼓励协作分享和强调做-学-创有机融合的教育理念.

　　中学数学课程以学生发展为本,落实"立德树人"根本任务,培育科学精神和创新意识,提升数学学科核心素养.数学课程面向全体学生,实现人人都能获得良好的数学教育,不同的人在数学学习上得到不同的发展.中学数学课程体现了社会发展的需求、数学学科的特征和学生的认知规律,最终实现发展学生数学学科核心素养的目标,为学生发展提供共同基础和多样化选择.数学课程内容的选择既要凸显数学的内在逻辑和思想方法,处理好数学学科核心素养与知识和技能之间的关系,又要强调数学与生活以及其他学科的联系,提升学生应用数学解决实际问题的能力.在课程结构的设计上,注重数学文化的渗透,注重信息技术与数学课程的深度融合,提高教学的实效性,不断引导学生感悟数学的科学价值、应用价值、文化价值和审美价值.

本章将针对师范院校数学教育教学课程中科创素养培育的设计与实施这一问题,以数学教育教学课程中重要的一门专业课"数学教学论"为例,探讨如何将科创素养培育融入该课程的教学大纲及教学设计,并以具体教学案例研究其实施问题.

一、课程的地位与作用

"数学教学论"是为数学教育教学专业学生开设的一门专业必修课,是数学教师职业素质培养的核心课程之一.该课程与数学、教育学、心理学、逻辑学等学科相关联,具有综合性与学科交叉性,同时也是一门实践性很强的课程.

二、课程目标

（1）从学科的角度分析数学与教育学、心理学、逻辑学等学科的关系,运用数学学科的相关原理、结论、思想、观点和方法来讨论中学数学为什么教、教给谁、教什么、怎样教的问题.

（2）理解中学数学课程的制定与改革的历史和现状,掌握中学数学的概念、命题、解题教学的基本方法和技能,具备将中学数学教育理论和方法应用于中学数学教学实践的能力.

（3）掌握中学数学教育教学的理论和方法,具备中学数学教学的能力,为将来胜任中学数学教学工作奠定扎实的理论基础和能力基础.

三、教学内容和重难点

1. 绪论

主要内容:

（1）数学教学论的学科特点;

（2）数学教学论的研究内容;

（3）数学教学论的研究方法;

（4）学习数学教学论的重要意义.

教学重点:教学论是研究学校教学现象和问题,揭示一般教学规律的科学.数学教学论的任务就是要探讨、揭示一般教学规律,阐明各种数学教学问题,建立数学教学科学理论体系,指导数学教学实践.

教学难点:会用数学的思维方式解决问题,形成实事求是的科学态度和辩证唯物主义的世界观.

2. 第一章中学数学教育改革回顾

主要内容:

(1)国外数学教育改革;

(2)我国数学教育改革.

教学重点:从考察国内外中学数学教育改革史入手,剖析国内外各个时期中学数学教育现象,对数学教育目的、内容、方法等进行分析,从而认识、研究我国中学数学教育的规律.

教学难点:理解我国中学数学教育观念的变革与更新.

3. 第二章中学数学课程改革

主要内容:

(1)基础教育课程改革下的数学课程改革;

(2)中学数学课程标准的基本理念;

(3)数学学习内容的核心概念;

(4)中学数学课程的目标与内容;

(5)数学新课程实施中对教师的要求;

(6)新课程标准下学生角色探索.

教学重点:掌握中学数学新课程标准的基本理念和核心素养、数学学习内容若干核心概念,明确新课程标准下的数学课程内容以及新型师生角色观.

教学难点:深入理解中学数学课程标准中的核心素养概念,有针对性地设计单元教学.

4. 第三章数学特点与中学数学

主要内容:

(1)对数学的认识;

(2)中学数学的特点;

(3)中学数学与数学前沿.

教学重点:了解数学的社会价值、文化价值、教育价值,明确中学数学的特点与教学以及中学数学与前沿数学的关系.

教学难点:领会数学的美学价值,提高文化素养和创新意识,实现数学智育和德育的完美统一.

5. 第四章数学思维与学生发展

主要内容:

（1）数学思维品质概述；

（2）数学思维与数学教学；

（3）数学思维与科学思维；

（4）数学思维能力的培养．

教学重点：根据数学思维的特点确立恰当的教学深广度和准确的教学目标，并研究学生的知识基础、思维习惯、非智力因素和各种个性特征，运用分层次教学及个别化教学等方式，激发学生内在的学习动机，促进教学质量的提高．

教学难点：了解数学思维的品质和特征，将其应用到具体的数学教学中，提升学生的数学素养．

6. 第五章中学数学能力与教学

主要内容：

（1）数学能力的定义；

（2）数学能力的成分结构；

（3）中学生数学能力的培养；

（4）数学能力的个性差异．

教学重点：理解数学能力的内涵，掌握数学一般能力、数学特殊能力和数学实践能力的具体定义范畴，能够让学生在数学教学中体会运用各种数学能力．

教学难点：培养学生的数学能力，加深其数学知识的理解和技能的掌握．

7. 第六章中学数学学习

主要内容：

（1）学习的基本理论；

（2）数学学习过程分析；

（3）影响数学学习的因素分析；

（4）数学教师与中学数学学习；

（5）现代信息技术与中学数学学习．

教学重点：能够了解中学生数学学习的心理过程；理解数学迁移理论与数学教学的关系；掌握应用现代信息技术提高中学数学教学成效的相关方法．

教学难点：根据中学数学的特点对学生的整个数学学习过程进行指导．

8. 第七章中学数学课程与教学

主要内容：

（1）中学数学课程实施的原则；

（2）中学数学课程的教学模式；

（3）中学数学教学工作的基本环节．

教学重点：掌握启发式与合作学习教学模式，能够熟练运用中学数学课程的备课、上课、数学课外活动、教学研究工作的基本方法.

教学难点：根据一定的社会环境、教学条件、教学目的、教学内容、学生年龄特征和发展水平等具体情况选择最佳的教学方式和教学策略.

9. 第八章数学师范生的培养与综合素质优化

主要内容：

(1) 数学师范生的数学知识结构与数学教师的数学专业素质；

(2) 数学师范生的自我教育意识与教师职业道德的形成；

(3) 中学数学教育研究与数学师范生的科研素质；

(4) 数学教师的综合素质.

教学重点：明确数学师范生需要掌握的数学基础知识、数学哲学与数学史知识，培养师范生学习数学、研究数学、应用数学的自我教育意识，完善其知识体系，提高其教师职业道德品质.

教学难点：数学师范生养成自我教育意识，完善知识体系以及提高教师职业道德品质.

10. 第九章数学教育理论与中学数学教学

主要内容：

(1) 弗赖登塔尔的数学教育思想与中学数学教学；

(2) 波利亚的解题理论与中学数学教学；

(3) 建构主义理论与中学数学教学；

(4) 我国的数学"双基"教学理论与中学数学教学.

教学重点：理解弗赖登塔尔、波利亚等的重要数学教育思想及其对中学数学教学的影响，结合相关理论理解我国从"双基"到"四基"的教学演变.

教学难点：掌握弗赖登塔尔、波利亚等的重要数学教育思想，并在中学数学教学中进行实际应用.

11. 第十章中学数学思想方法

主要内容：

(1) 中学数学思想方法概述；

(2) 中学常用的数学思想方法；

(3) 建构主义理论与中学数学教学；

(4) 中学数学思想方法与教学.

教学重点：理解数学思想方法的概况，能够在中学数学教学中灵活运用各类数学思想方法.

教学难点：掌握数学思想方法，并能够灵活运用到实际问题之中.

12. 第十一章中学数学课堂教学基本技能

主要内容：

（1）数学课堂的导入技能；

（2）数学课堂的讲解技能；

（3）数学课堂的板书技能；

（4）数学课堂的提问技能；

（5）其他数学课堂教学技能.

教学重点：了解各类数学课堂教学基本技能的运用目的、设计原则、主要类型以及实施时需注意的问题.

教学难点：各类数学课堂教学基本技能在中学数学教学中的合理使用.

13.第十二章中学数学教育测量与评价

主要内容：

（1）中学数学命题与考试；

（2）考试成绩的统计分析；

（3）数学学习评价.

教学重点：了解中学数学命题与考试以及数学学习评价的相关知识.

教学难点：掌握中学数学试题的类型、命题原则与标准，熟悉试题的编制工作及考试成绩的统计分析，掌握数学学习评价的功能、类型、方法.

四、课程目标与毕业要求的对应关系

"数学教学论"课程目标与毕业要求之间的关系列于表 3-1 中.

表 3-1　"数学教学论"课程毕业要求与课程目标对应关系表

课程目标	对应章节	支撑毕业要求
课程目标（1）	绪论、第一、二、三、四、五、六、八、九、十章	3 学科素养 　3.1 具有扎实的数学基础，熟悉掌握数学学科的基本概念、基础理论、基本知识和基本技能.理解现代数学知识体系，知道数学发展历史 　3.3 理解数学学科与其他学科的联系，掌握数学在人类社会发展中的作用，知道数学对其他学科发展的影响，了解数学学科的新成果 4 教学能力 　4.1 掌握现代教学论中的基本概念、基本原理和基本观点，掌握与基础教育相关的教育学和心理学理论，并能将其与数学学科知识有效整合 7 学会反思 　7.2 知道国际数学教育改革发展的趋势和前沿动态，能够积极尝试借鉴国际先进教育理念和经验进行中学数学教育教学实践

续表

课程目标	对应章节	支撑毕业要求
课程目标（2）	绪论、第一、二、三、四、五、六、七、八、九、十章	3 学科素养 3.2 掌握数学学科的思想方法,具有运用数学知识创造性地分析和正确解决实际问题的初步能力,具有较好的数学素养 4 教学能力 4.2 具备依据数学课程标准及中学生的认知特点和学习规律,以学生为中心,进行教学设计、实施以及学习评价的能力;掌握中学生数学学习认知规律和特点,熟悉常用的数学教学方法. 7 学会反思 7.2 知道国际数学教育改革发展的趋势和前沿动态,能够积极尝试借鉴国际先进教育理念和经验进行中学数学教育教学实践 8.沟通合作 8.1 能够就数学教育问题清晰、有条理地表达,与同行及学生家长等社会公众进行有效沟通和交流
课程目标（3）	绪论、第二、三、四、五、六、七、八、九、十、十一、十二章	4 教学能力 4.3 具有基本的教学技能和初步的教学能力,具有教学研究和教学改革意识;知道中学数学教学的新成果,能准确解读中学数学课程标准,熟悉中学数学教材知识体系. 5.班级指导 5.2 掌握班级组织与建设的工作规律和基本方法,能够实施班级管理、开展班级建设;能够结合数学学科开展班级文化建设,营造良好的班级文化氛围 7 学会反思 7.1 形成终身学习与自身专业发展意识,养成课堂自主参与和课外自主学习习惯,能够积极利用课余时间开展中学数学教学自主实践、研究 7.3 养成从中学生数学学习、数学课程与教学、数学理解等角度分析自身数学教育实践、实习活动问题的习惯,具有研究、分析、解决教育教学问题的意识 8.沟通合作 8.2 能够在多学科、跨文化背景下的团队中担当个体、团队成员和负责人的角色;掌握沟通合作的方法与技能,具有参与、组织专业团队开展互助和合作学习的意识和能力

五、课程教学方法

课程教学方法主要包括：讲授法、探究法、小组讨论等.

六、课程教学评价

课程目标考核内容与评价依据列于表 3-2 中.

表 3-2　"数学教学论"课程评价表

课程目标	考核内容	评价依据
课程目标（1）	中学数学课程改革的历史演变、中学数学课程标准的理解与掌握、中学数学课程实施与评价的基本理论	出勤,期中考试、课程论文、作业
课程目标（2）	中学数学的特点、中学数学思维方法的运用、中学数学能力的分析与运用	出勤,期末考试、课堂参与、调研报告、作业
课程目标（3）	中学数学教学的基本理论、中学数学教学的基本技能	出勤,课堂参与、作业

七、课程考核与成绩评定

1. 考核方式及成绩比例

数学教学论课程采用 7 种考核方式,成绩比例分别为:

考核方式 1:平时出勤 10%;

考核方式 2:平时作业 15%;

考核方式 3:课堂参与 15%;

考核方式 4:研究论文 5%;

考核方式 5:调研报告 5%;

考核方式 6:期中考试 25%;

考核方式 7:期末考试 25%.

考评细目表见表 3-3.

表 3-3　"数学教学论"课程考核评价细目表

课程目标	考核内容	考核方式	考核时间	相关过程材料	备注
课程目标（1）	中学数学课程改革的历史演变、中学数学课程标准的理解与掌握、中学数学课程实施与评价的基本理论	（1）平时出勤 （2）平时作业 （3）研究论文 （4）期中考试	（1）第 1~18 周 （2）第 1~18 周 （3）第 10 周 （4）第 10 周	（1）考勤表 （2）作业 （3）课程论文 （4）试卷	学生出勤为不定时考查
课程目标（2）	中学数学的特点、中学数学思维方法的运用、中学数学能力的分析与运用	（1）平时出勤 （2）平时作业 （3）课堂参与 （4）调研报告 （5）期末考试	（1）第 1~18 周 （2）第 1~18 周 （3）第 1~18 周 （4）第 19 周 （5）第 19~20 周	（1）考勤表 （2）作业 （3）课堂参与记录表 （4）调研报告 （5）试卷	学生出勤为不定时考查

课程目标	考核内容	考核方式	考核时间	相关过程材料	备注
课程目标（3）	中学数学教学的基本理论、中学数学教学的基本技能	（1）平时出勤（2）平时作业（3）课堂参与	（1）第1～18周（2）第1～18周（3）第1～18周	（1）考勤表（2）作业（3）课堂参与记录	学生出勤为不定时考查

2. 评分标准

评分标准见表3-4.

表 3-4　"数学教学论"课程评分标准细则

课程目标	评分标准				
	90～100分	80～89分	70～79分	60～69分	0～59分
	优	良	中	及格	不及格
课程目标（1）	能够熟练地运用数学学科的相关原理、结论、思想、观点和方法来讨论中学数学为什么教、教给谁、教什么、怎样教的问题	能够较好地运用数学学科的相关原理、结论、思想、观点和方法来讨论中学数学为什么教、教给谁、教什么、怎样教的问题	会运用数学学科的相关原理、结论、思想、观点和方法来讨论中学数学为什么教、教给谁、教什么、怎样教的问题	了解并能够记忆数学学科的相关原理、结论、思想、观点和方法来讨论中学数学为什么教、教给谁、教什么、怎样教的问题	没有掌握数学学科的相关原理、结论、思想、观点和方法，不能结合相关知识讨论中学数学教学问题
课程目标（2）	较好地理解中学数学课程制定与改革的历史和现状，较好地掌握中学数学概念、命题、解题教学的基本方法和技能，具备很好地将中学数学教育理论和方法应用于中学数学教学实践的能力	能够有意识地理解中学数学课程的制定与改革的历史和现状，掌握中学数学概念、命题、解题教学的基本方法和技能，具备将中学数学教育理论和方法应用于中学数学教学实践的能力	理解中学数学课程的制定与改革的历史和现状，理解中学数学概念、命题、解题教学的基本方法和技能，具备将中学数学教育理论和方法应用于中学数学教学实践的能力	了解中学数学课程的制定与改革的历史和现状，简单了解中学数学概念、命题、解题教学的基本方法和技能，基本具备将中学数学教育理论和方法应用于中学数学教学实践的能力	不了解中学数学课程的制定与改革的历史和现状，不了解中学数学概念、命题、解题教学的基本方法和技能，不具备将中学数学教育理论和方法应用于中学数学教学实践的能力

课程目标	评分标准				
	90～100分	80～89分	70～79分	60～69分	0～59分
	优	良	中	及格	不及格
课程目标（3）	熟练掌握数学教育的理论和方法，很好地具备中学数学教学的能力	较好地掌握数学教育的理论和方法，能够具备中学数学教学的能力	掌握数学教育的理论和方法，理解具备中学数学教学的能力	基本掌握数学教育的理论和方法，了解具备中学数学教学的能力	不能够掌握数学教育的理论和方法，不具备中学数学教学的能力

3. 课程目标达成评价方法

表 3-5 "数字教学论"课程目标达成度核算方法

课程目标	课程目标达成度目标值/分							课程目标达成度评价值
	平时出勤成绩比例10%	平时作业成绩比例15%	课堂参与成绩比例15%	研究论文成绩比例5%	调研报告成绩比例5%	期中考试成绩比例25%	期末考试成绩比例25%	
课程目标（1）	30	40	0	100	0	100	0	（1）分课程目标达成度＝$\sum$［（分课程目标考核方式的平均分/分目标总分）＊成绩比例］/分课程目标考核方式所占的成绩比例总和
课程目标（2）	30	30	50	0	100	0	100	（2）总课程目标达成度＝$\sum$（分课程目标达成度/课程目标个数）
课程目标（3）	40	30	50	0	0	0	0	

说明：每一种考核方式下各分课程目标值总和为100分.

八、课程学习资源

1. 选用教材

程晓亮、刘影，《数学教学论》，北京大学出版社，2013/（第二版），ISBN：9787301225653.

2. 主要参考书目

［1］张奠宙、宋乃庆，《数学教育概论》，高等教育出版社，2004/（第一版），ISBN：7040155389.

［2］张维忠，《数学课程与教学研究》，浙江大学出版社，2008/（第一版），

ISBN：9787308062077.

3. 其他学习平台

http：//www. docin. com/search. do. searchat

九、课程学习建议

（1）必须做好课前预习，课后复习巩固；

（2）注重知识的理解和运用，并注重数学教学实践；

（3）多思考，善于提出问题；

（4）注重数学思想的形成，培养高屋建瓴地理解中学数学教学问题的思维习惯.

第二节　基于科创素养培育的教学设计理论

科创素养的培育理念与美国教育家杜威的"做中学"理念相似，与数学学科核心素养的培育理念也有共同之处. 它们都强调"体验式"的学习方式，强调学生参与、合作、分享，并且科创素养培育与数学学科核心素养都注重培养学生的创新精神. 因此，将科创素养培育融入到数学学科核心素养的培养中是可行的. 同时，在中学数学教学中引入科创素养也是很有必要的.

一、以中学数学课程结构为构建基础

1. 课程目标的设计依据

通过中学数学课程的学习，学生能获得进一步学习以及未来发展所必需的数学基础知识、基本技能、基本思想、基本活动经验（简称"四基"）；提高从数学角度发现和提出问题的能力、分析和解决问题的能力（简称"四能"）.

通过中学数学课程的学习，学生能提高学习数学的兴趣，增强学好数学的自信心，养成良好的数学学习习惯，发展自主学习的能力；树立敢于质疑、善于思考、严谨求实的科学精神；不断提高实践能力，提升创新意识；认识数学的科学价值、应用价值、文化价值和审美价值.

在学习数学和应用数学的过程中，学生能发展数学抽象、逻辑推理、数学建模、直观想象、数学运算、数据分析等数学学科核心素养.

学科核心素养是育人价值的集中体现，是学生通过学科学习而逐步形成的正确价值观念、必备品格和关键能力. 数学学科核心素养是数学课程目标的集中体现，是具有数学基本特征的思维品质、关键能力以及情感、态度与价值观的综合体现,是在数学学习和应用过程中逐步形成和发展的."集中体现"既表明它是数学育人价值的凝聚点、聚焦点,又表明它对中学数学课程目标中的其他目标点具有统一整合的意义.数学学科核心素养"是在数学学习和应用的过程中逐步形成的",体现出了它特有的养成性、阶段性和发展性特征.这些都是由数学学科核心素养本身的属性所决定的.这促使我们要以一种新的眼光审视数学学科核心素养目标,进而自觉地在教学中遵循其规律以落实这一目标.关于数学学科核心素养的内涵,仔细体会其中的意义,不难看出其内涵定位与我国学生发展核心素养的内涵定位,既具有一致性又具有特殊性,这要求我们处理好两者之间共性与个性的关系.此外,对数学学科核心素养思维品质内涵的强调和凸显更值得我们在基于素养的教学中做出新的探索.中国古代的"鸡兔同笼"问题,就是一个能展现数学学科核心素养水平综合发展的案例:特指的"鸡兔同笼"问题→一般性的"鸡兔同笼"模式问题(小学)→二元一次方程组(初中)→向量基本定理与二元一次方程组(高中必修)→两条直线的位置关系(高中选修1)→二元一次方程组(高中选修2)→N元一次方程组(高中选修2)→线性空间(大学),在这样一个逐级提升的层次序列中,每一层都可以找到表述这一问题的模式.学生在不同阶段的学习过程中,通过模型不断加深对这一问题的认识,而数学抽象、逻辑推理、数学建模、数学运算、直观、想象等这些要素都综合融入了对数学问题的认识发展中.

2. 课程结构的设计依据

(1) 依据中学数学课程理念,实现"人人都能获得良好的数学教育,不同的人在数学上得到不同的发展",促进学生数学学科核心素养的形成和发展.

(2) 依据中学课程方案,借鉴国际经验,体现课程改革成果,调整课程结构,改进学业质量评价.

(3) 依据中学数学课程性质,体现课程的基础性、选择性和发展性,为全体学生提供共同基础,为满足学生的不同志趣和发展提供丰富多样的课程.

(4) 依据数学学科特点,关注数学逻辑体系、内容主线、知识之间的关联,重视数学实践和数学文化.

高中数学课程分为必修课程、选择性必修课程和选修课程.高中数学课程内容突出函数、几何与代数、概率与统计、数学建模活动与数学探究活动四条主线,它们贯穿必修课程、选择性必修课程和选修课程;数学文化内容也融入课程内容.高中数学课程结构如图 3-1.

高中数学选修课程分为五类,所含内容与目标如下:

A类课程包括微积分、空间向量与代数、概率与统计三个专题,其中微积分 2.5 学分,空间向量与代数 2 学分,概率与统计 1.5 学分,供有志于未来学习数理类和部分工科类(如数学、物理、计算机、精密仪器等)专业的学生选择.

B类课程包括微积分、空间向量与代数、应用统计、模型四个专题,其中微积分2学分,空间向量与代数1学分,应用统计2学分,模型1学分,供有志于未来学习经济类、社会学类(如数理经济、社会学等)和部分理工类(如化学、生物、机械等)专业的学生选择.

C类课程包括逻辑推理初步、数学模型、社会调查与数据分析三个专题,每个专题2学分,供有志于未来学习人文类(如语言、历史等)专业的学生选择.

D类课程包括美与数学、音乐中的数学、美术中的数学、体育运动中的数学四个专题,每个专题1学分,供有志于未来学习体育类、艺术类(包括音乐、美术等)专业的学生选择.

E类课程包括拓宽视野、日常生活、地方特色的数学课程,还包括大学数学先修课程等.大学数学先修课程包括三个专题:微积分、解析几何与线性代数、概率论与数理统计,每个专题6学分.

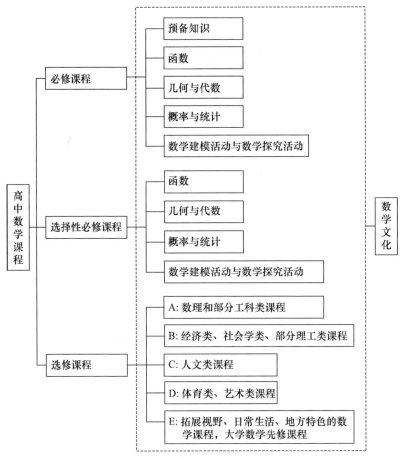

图 3-1　高中数学课程结构

如果学生以高中毕业为目标,可以只学习必修课程,参加高中毕业的数学学业水平考试.

如果学生计划通过参加高考进入高等学校学习,必须学习必修课程和选择性必修课程,参加数学高考.

如果学生在上述选择的基础上,还希望多学习一些数学课程,可以在选择性必修课程或选修课程中,根据自身未来发展的需求与兴趣进行选择.

在选修课程中可以选择某一类课程,例如 A 类课程;也可以选择某类课程中的某个专题,例如 E 类大学数学先修课程中的微积分;还可以选择某些专题的组合,例如 D 类课程中的美与数学、C 类课程中的社会调查与数据分析等.

中学数学教学中经常忽略数学模型类问题.在课程改革过程中,将数学建模与数学探究活动纳入必修课程与选择性必修课程的主题之中,培养了学生建模能力与素养.在选修课程中设计的五类选修方向,更加充分地融合了自然科学与社会科学发展所必须具备的数学基础知识,为学生的个人发展规划提供了明确的方向.整体课程结构体现了社会发展的需求、数学学科的特征和学生的认知规律,发展了学生数学学科核心素养.整体课程教学设计中突出数学主线,凸显数学的内在逻辑和思想方法,强调数学与其他学科的联系.教学设计应从数学体系角度出发,思考数学对社会、科学、技术发展的作用,对于人的智力发展的作用,促进学生数学学科核心素养的提升.

二、以生成数学思想为教学目标

数学不仅是一种重要的"工具",也是一种思维模式,即"数学方式的理性思维";数学不仅是一些知识,而且是一种素质,即"数学素质".通过对高中阶段数学方法及数学思想的学习,学生将初步了解数学的文化、精神,了解数学科学与人类社会发展之间的相互作用,体会数学的科学价值、应用价值、人文价值和审美价值.通过探索数学发展的不同阶段,感受数学家严谨治学的过程,将会提高学生的学习兴趣,提高自身的文化素养和创新意识.

数学的学习,不仅要让学生学会知识,掌握科学方法,更重要的是领会数学思想.在教学活动中,教师应有意识地结合教学内容,将数学思想渗入日常教学中,引导学生了解数学的发展历程,认识数学思想在科学技术、社会发展中的作用,感悟数学的价值,从而提升学生的科创素养、人文素养.因此,在现有的学习理念下,数学课程的教学目标不仅是学生对知识、技能与方法的学习,还要让学生学会举一反三.教师应收集、选取与现代社会人类生活发展关系密切的问题情境,让学生在具体的问题背景下进行针对性地思考、学习,学会如何结合题目的实际情况以及其内在思想,运用多种方法、方式解答,更加深刻地体会数学思想

的运用.所以,生成数学思想是数学课程的重要目标.为了实现这一目标,可以从以下三个方面入手:

(1)充分挖掘教材中的数学思想.数学思想是隐性的、本质的知识内容,因此教师必须深入钻研,充分挖掘.例如,有理数乘法法则的讲述,在新教材中充分运用了数形结合和归纳推理的思想,较旧教材中注重的由一般到特殊的演绎推理降低了难度,而又不失科学性,教师可给学生介绍这两种基本而又常用的思想.又如,在二元一次方程组的应用题部分,教师应强调突出"整体代入"这一思想的优越性,因为这种思想在以后的学习中将广为使用,同时这也是对字母代替数的更深刻理解.

(2)教学设计环节渗透数学思想.在进行教学时,可以从前面我们对数学特征及中学数学内容分析的数学思想方法中考虑,渗透、介绍或强调各种数学思想,要求学生在不同层次上把握数学方法,明确是了解、理解、掌握还是灵活运用,然后进行合理的教学设计,从教学目标的确定,到问题的提出,再到情境的设计,最后到教学方法的选择,整个教学过程都要精心设计安排,做到有意识、有目的地进行数学思想方法教学.例如,化归是研究问题的重要思想方法,有时要把一个现实生活中的工程问题、流水问题等化归为一类有代表性的数学计算问题,或者把一个算式转化为另一种算式进行计算或证明.

(3)在知识点的分析与理解中体会数学思想.例如,在知识形成阶段,可选用观察、实验、比较、分析、抽象、概括等抽象化、模型化的思想方法,字母代替数的思想方法,函数的思想方法,方程的思想方法,统计的思想方法,等等.在知识结论推导阶段和解题教学中,可选用分类讨论、化归、等价转换、特殊化与一般化、归纳、类比等思想方法.在知识的总结性阶段可采用公理化、结构化等思想方法.

总之,由于数学思想是基于数学知识而又高于数学知识的一种隐性的数学知识,需要在反复的体验和实践中才能使个体逐渐认识、理解、内化在个体认知结构中.高质量的教学设计是贯彻数学思想方法教学的基础和保证.教师要从数学的特征和中学数学内容出发,充分体现观察→实验→思考→猜想→证明(或反驳)这一数学知识的再创造过程和理解过程,展现概念的提出过程、结论的探索过程和解题的思考过程;从对数学具有归纳、演绎两个侧面的认识以及学生需掌握知识、形成能力和具有良好思维品质的全方位要求出发,去精心设计一个单元或一节课的教学过程的各个环节.

三、以过程体验为设计核心

科创素养培育的特点是注重过程体验.实际上,这与数学学科核心素养的"过程体验"要求一致.基于数学学科核心素养的教学要创设合适的教学情境、提出合适的数学问题.在设计教学评价工具时,应着重对设计的教学情境、提出的问题进行评价.评价内容包括:情境设计是否体现数学学科核心素养,数学问题的产生是否自然,解决问题的方法是否为通性通法,情境与问题是否有助于学生数学学科核心素养的养成.形成基于数学学科核心素养的教学评价是具有挑战性的一项工作,可以采取教研组集体研讨的方式设计评价准则和评价工具.在设计学习评价工具时,要关注知识与技能的范围和难度,要有利于考查学生的思维过程、思维深度和思维广度(例如,设计好的开放题是行之有效的方法),要关注六个数学学科核心素养的分布和水平,应聚焦数学的核心概念和通性通法,聚焦它们所承载的数学学科核心素养.

数学学科核心素养的达成是循序渐进的,基于内容主线对数学的理解与把握也是日积月累的.因此,应当把教学评价的总目标合理分解到日常教学评价的各个阶段,关注评价的阶段性.既要关注数学知识与技能的达成,更要关注相关的数学学科核心素养的提升,还应依据课程内容的主线和主题,整体把握学业质量与数学学科核心素养水平.

日常教学不仅要关注学生当前的数学学科核心素养水平,更要关注学生成长和发展的过程;不仅要关注学生的学习结果,更要关注学生在学习过程中的发展和变化.学生的知识掌握、数学理解、学习自信、独立思考等是随着学习过程而变化和发展的,只有通过观察学生的学习行为和思维过程,才能发现学生思维活动的特征及教学中的问题,及时调整学与教的行为,改进学生的学习方法和思维习惯.此外,教师还要注意记录、保留和分析学生在不同时期的学习表现和学业成就,跟踪学生的学习进程,通过过程评价使学生感受成长的快乐,激发其学习数学的积极性.

教师要把教学活动的重心放在促进学生学会学习上,积极探索有利于促进学生学习的多样化教学方式,不仅限于讲授与练习,也包括引导学生阅读自学、独立思考、动手实践、自主探索、合作交流等.教师要善于根据不同的内容和学习任务采用不同的教学方式,优化教学,抓住关键的教学与学习环节,增强实效.例如,丰富作业的形式,提高作业的质量,提升学生完成作业的自主性、有效性.

四、以现代技术为实施助手

在"互联网+"时代,信息技术的广泛应用正在对数学教育产生深刻影响.在数学教学中,信息技术是学生学习和教师教学的重要辅助手段,为师生交流、生生交流、人机交流搭建了平台,为学习和教学提供了丰富的资源.因此,教师应重视信息技术的运用,优化课堂教学,转变教学与学习方式.例如,为学生理解概念创设背景,为学生探索规律启发思路,为学生解决问题提供指导,引导学生自主获取资源.在这个过程中,教师要有意识地积累数学活动案例,总结出生动、自主、有效的教学方式和学习方式.

一般来说,在教学中运用现代信息技术,既要考虑数学内容的特点,又要考虑信息技术的特点与局限性,把握好两者的有机结合.利用计算机的优势,确实对学生的学习、教师的教学起到促进作用,这是一个基本原则.

例如,在立体几何初步的教学中,开始时我们可以运用现代信息技术丰富的图形呈现与制作功能这一优势,提供丰富的几何图形,并且可以利用制作功能,从不同角度观察它们,通过多次观察、思考,帮助学生认识和理解这些几何体的结构特征,建立空间观念,培养学生的空间想象能力.但是,随着学习的展开和深入,就要逐步摆脱信息技术提供的图形,建立空间观念,形成空间想象能力.也就是说,虽然信息技术丰富的图形呈现与制作功能有它的优势,能起到传统教学手段难以起到或无法起到的作用,但它也只是学生建立空间观念和形成空间想象能力的一种辅助手段,而不是最终的目的.我们的目的是利用这一技术手段帮助学生建立空间观念和形成空间想象能力.

再如,在函数部分的教学中,可以利用计算器或计算机画出一些函数的图像,探索它们的变化规律,研究它们的性质,求方程的近似解等.在指数函数性质教学中,就可以考虑首先用计算器或计算机呈现指数函数 $y=a^x(a>0,a\neq1)$ 的图像,然后在观察过程中引导学生去发现:当 a 变化时,指数函数的图像呈菊花状的动态变化过程,但不论 a 怎样变化,所有的图像都经过点 $(0,1)$,并且,当 $a>1$ 时,图像呈上升状态,故指数函数单调递增;当 $a<1$ 时,图像呈下降状态,故指数函数单调递减.教师还可以利用计算机或计算器配备恰当的问题,为学生营造探索、研究的空间,引导、帮助学生自己总结出有关规律和性质,为学生提供交互式的学习和研究环境,也为学生的发现学习创造条件.

在进行统计教学时,计算器和计算机对大量数据的处理功能就凸显出来了,教师可以通过解决实际问题或引入恰当的案例,指导学生运用计算器或计算机,让学生通过自己的操作、观察、思考、比较、分析,给出判断,以充分利用计算器和计算机快捷的计算功能,提高学生的学习效率.

现代信息技术在高中数学课程中的运用,除课程标准建议的内容之外,还有较大的开发空间.例如,可以鼓励学生充分利用校内外的教育资源,通过网络搜索一些与当前学习有关的资料,这不仅有助于学生丰富自己的学习方式,而且有助于学生体验如何合理地使用信息技术.

需要注意的是,当我们鼓励学生运用现代信息技术学习数学时,应该让他们认识到现代信息技术的飞速发展方便了我们的数学教学,为我们的教与学注入了新的活力,但是现代信息技术不能替代艰苦的学习和人脑创造性的思考,它只是作为达到目的的一种手段、一种重要的工具,从而使学生能合理而非盲目地使用信息技术.

第三节　基于科创素养培育的教学案例分析

　　数学学科核心素养的养成是外在的数学知识、技能逐步被学习者感受和理解,进而深化和内化为学习者自身品格和能力的过程,特别是其内隐含的情感、态度、价值观更是要依靠学习者自身长期体悟、认识和实践活动来获得.这就要求学生学会学习,自主地发展数学学科核心素养.学会学习不仅是数学学科核心素养形成的有效途径,也是数学学科核心素养的综合体现.对如何促进学生学会学习,自觉地发展数学学科核心素养,应从教学活动重心的转移、教学方法的选择、学法的指导三个方面入手.

　　首先,数学教学活动重心应从关注"教"转到关注"学".教师要把教学活动的重心放在促进学生学会学习上.教师所有教学手段、方式的运用都是为了学生更加积极主动地学.教师教学方式运用的落脚点最终是提高学生的自主学习能力,使学生学会学习,自觉地发展数学学科核心素养.

　　其次,积极探索有利于促进学生学习的多样化教学方式.数学教学不能仅限于讲授与练习,让学生阅读自学、独立思考、动手实践、自主探索、合作交流等都是数学教学的重要方式.在这些教学方式下,又会演化出具有不同特色的多种策略和形式,教师要善于根据不同的内容和教学任务采用不同的教学方式以及多元化的教学组合,以优化教学,增强学生的学习实效.

　　最后,要加强学法指导,帮助学生养成良好的数学学习习惯.高中数学学习除了预习、复习、练习等方法外,还应包括在特定学习任务情境中观察、阅读、提问、纠错、反思、梳理、总结、表达、交流等方法.教师要加强对学生基本学习方法及策略的指导.此外,教师还应根据自身教学经历和学生学习的个性特点,引导学生总结出一些具有针对性和个性特点的学习方式,根据不同学生的特点给予学法指导.

案例 1　主题式教学设计——以函数的单调性为例

一、教学目标

(1) 了解如何进行跨章节的主题式教学设计;

(2) 初步形成主题式教学设计能力;

(3) 体会数学学科与科学、社会发展的关联性,发展形成初步的数学素养.

二、教学重点

主题式教学设计的基本步骤.

三、教学难点

数学素养的养成.

四、教学过程

函数的单调性是函数的重要性质之一,不仅与函数的概念、函数的其他性质有关,也与基本初等函数、不等式、数列、导数等内容有关,在表述过程中还与常用逻辑用语中的量词有关.所以,函数的单调性可以作为跨章节的主题进行整体教学设计.

主题式教学的整体设计可分为前期准备、开发设计、评价修改三个阶段;具体可以包括确定主题内容,分析教学要素,编制主题教学目标,设计主题教学流程,评价、反思及修改五个步骤,如图 3-2 所示.

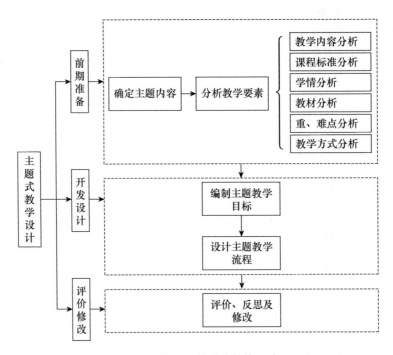

图 3-2 主题式教学的整体设计

1. 确定主题内容

在本案例中,为了确定主题内容,下面的两种策略可供选择.

一是以函数单调性知识的前后逻辑为线索.例如,借助初等函数的图像直观理解函数单调性的含义,感悟函数的整体单调和部分区间单调;通过代数求解,特别关注最大(小)值和拐点,验证函数的单调性以及单调性与自变量变化区间的关系;用导函数进一步刻画函数的单调性,把握函数单调性的本质是变化趋势.以知识的逻辑联系为线索组织内容,可以逐渐加深学生对函数单调性的认识.

二是以函数的其他性质为线索.例如,考察初等函数的单调性与对称性、周期性、最大(小)值之间的关系,分析这几个性质的共性与差异.以函数的其他性质为线索组织内容,学生可以通过比较函数的性质,进一步加深对函数概念的理解,体会正是因为不同函数具有不同性质,才使函数成为表达现实世界规律的丰富的数学语言.

无论采取哪种策略组织内容,在教学设计中都要关注学生数学抽象、逻辑推理、直观想象、数学运算等素养水平的提升.

2. 分析教学要素

分析教学要素是确定主题教学目标的前提,是主题式教学设计的重点环节.教学要素分析主要包括以下方面:教学内容分析、课程标准分析、学情分析、教材分析、重难点分析以及教学方式分析.

具体的分析内容如表 3-6 所示.

表 3-6　教学要素分析的内容

要素	内容
教学内容分析	(1) 本主题内容的数学本质、数学文化以及所渗透的数学思想等 (2) 本主题内容在本学段数学课程中的地位 (3) 本主题内容在整个中小学数学课程中的地位和作用 (4) 本主题内容在数学整体中的地位 (5) 本主题内容与本学段、前后学段以及大学其他数学知识之间的联系
课程标准分析	(1) 课程标准中对本主题内容的要求 (2) 课程标准中对本主题内不同内容要求的关联
学情分析	(1) 学生学习新知识的预备状态 (2) 学生对即将要学习的内容是否有所涉猎 (3) 学生学习新知识的情感、态度 (4) 学生的学习方法、习惯以及风格

续表

要素	内容
教材分析	(1) 比较不同版本的教材对本主题内容在概念引入、情境创设、例题习题的编排方式等方面的异同，分析各自的特点 (2) 根据学情选择适当的内容及其处理方式
重、难点分析	(1) 主题整体教学重、难点 (2) 具体课时教学重、难点
教学方式分析	从主题整体角度出发，选择合适的教学方式(体现学生的主体性)

3. 主题教学目标流程

因为是主题式教学设计，教学内容将涉及若干节甚至若干章，因此在教学实施的过程中，可以划分为几个不同的阶段.

例如，如果内容选取采用以函数单调性知识的前后逻辑为线索，其教学过程可分为以下几个阶段：

第一阶段，从图形语言到符号语言的过渡，让学生感悟从直观想象到数学表达的抽象的过程，感悟常用逻辑用语中的量词与数学严谨性的关系；

第二阶段，结合对几种初等函数单调性的研究，理解用代数方法证明函数单调性的基本思路与论证方式，增强学生的逻辑推理和数学运算能力；

第三阶段，利用导函数研究函数的单调性，感悟导数是研究函数性质强有力的工具，理解函数单调性的本质；

第四阶段，通过利用函数的单调性刻画现实问题的若干实例分析，理解为什么函数可以成为构建数学模型的有效数学语言，从而理解研究函数的单调性不仅是数学本身的需要，也是更好地表达现实世界的需要.

五、科创练习

函数单调性的教学案例——函数单调性概念的抽象过程

明确问题　结合实例，经历从具体的直观描述到抽象的符号表达过程，加深对函数单调性概念的理解，体会用符号形式化表达数学定义的必要性，知道这样的定义在讨论函数的单调性问题中的作用.

背景介绍　在初中阶段，学生已经初步了解一元一次函数、反比例函数、一元二次函数的图像具有单调性的特征. 在高中阶段引入函数的单调性概念时，可以从直观认识出发，提出合适的课堂讨论问题，使学生经历函数单调性概念的抽象过程.

模型建立与问题求解

问题 1　在初中阶段已经学过一元一次函数、反比例函数、一元二次函数，请根据函数的图像(图 3-3)，分别说出 x 在哪个范围变化时，y 随着 x 的增大而增大或者减小.

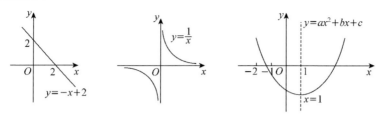

图 3-3 　一元一次函数 $y=-x+2$、反比例函数 $y=\dfrac{1}{x}$ 和

一元二次函数 $y=ax^2+bx+c(a>0)$ 的图像

问题 2　在日常生活中,哪些现象的函数表达式具有 y 随 x 增加或者减少而变化的特点?

问题 3　如图 3-4 所示,$f(-2)<f(2)<f(8)$,能否据此得出"函数 $f(x)$ 在 $[-2,8]$ 上单调递增"的结论? 为什么?

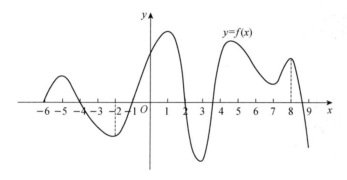

图 3-4 　函数 $f(x)$ 的图像

问题 4　依据函数单调性的定义,证明:函数 $y=x+\dfrac{1}{x},x\in(2,+\infty)$ 是单调递增的.

在初中阶段,学生是经过从直观图形语言到数学自然语言的过程来认识函数的单调性的.到了高中阶段,需要在此基础上进一步用符号语言来表述函数的单调性.在使用符号语言的过程中,需要注意,"任意"两个字是学生遇到的一个难点.另外,函数单调性证明过程中的运算也是一个难点.

在函数单调性概念的形成中,经历由具体到抽象、由图形语言和自然语言到符号语言表达的过程,发展了学生的数学抽象素养.在把握函数单调性的定义时,体会全称量词、存在量词等逻辑用语的作用,发展了学生的逻辑推理素养.在函数单调性证明的过程中,发展了学生的数学运算素养.

案例2 中学数学思想方法教学设计——以数学建模思想方法为例

一、教学目标

（1）掌握数学建模思想方法，并会灵活运用到实际问题中；

（2）建立主动建构意识，提高学生洞察事物、寻求联系以及解决问题的能力．

二、教学重点

体会以知识为载体的思想方法．

三、教学难点

再现数学发现过程．

四、教学过程

数学建模活动是对实际问题进行数学抽象，用数学语言表达问题、用数学方法构建模型来解决问题的过程，主要包括在实际情境中从数学的视角发现问题、提出问题，分析问题、构建模型，确定参数、求解模型，检验结果、改进模型，最终解决实际问题．数学建模活动是依据基本数学思维，运用模型解决实际问题的一类综合实践活动，是高中阶段数学课程的重要内容．

数学建模活动的基本过程如图 3-5 所示：

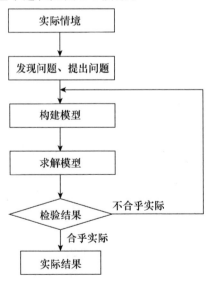

图 3-5　数学建模活动的基本过程

五、教学提示

课题研究的过程包括选题、开题、做题、结题四个环节.课题可以由教师给定,也可以由学生与教师协商确定.学生需要撰写开题报告,教师要组织开展开题交流活动.开题报告应包括选题意义、文献综述、解决问题思路、研究计划、预期结果等.做题是解决问题的过程,包括描述问题、教学表达、建立模型、求解模型、得到结论、反思完善等.结题包括撰写研究报告和报告研究结果,由教师组织学生开展结题答辩.根据课题的内容,报告可以采用专题作业、测量报告、算法程序、制作的实物、研究报告或小论文等多种形式.

在数学建模活动与数学探究活动中,鼓励学生使用信息技术.

让学生经历数学建模活动与数学探究活动的全过程,整理资料,撰写研究报告或小论文,并进行报告、交流.对于研究报告或小论文的评价,教师应组织评价小组,可以邀请校外专家、社会人士、家长等参与评价,也可以组织学生互评.教师要引导学生遵守学术规范,坚守诚信底线.研究报告或小论文及其评价应存入学生个人学习档案,为大学招生提供参考和依据.学生可以采取独立完成或者小组合作(2～3人为宜)的方式,完成课题研究.

六、科创练习

节燃烧水模型设计

明确问题 燃气化普及程度是城市现代化水平的重要标志之一,城镇燃气(天然气、煤气、沼气等)在发展生产,提高人民生活水平,节约能源,减轻污染,改善环境等方面起重要作用.

背景介绍 现在许多家庭都以燃气作为烧水、做饭的燃料,请同学简单地概述燃气灶烧水的环节.

模型准备

问题1 用燃气烧水是必要的,但怎样用燃气才能节省燃气呢?

师生活动:师生共同分析,"节省燃气"的含义就是烧开一壶水的燃气用量要尽量地少.烧水时是通过燃气灶上的旋钮控制燃气流量的,流量随着旋钮位置的变化而变化.由此可见,燃气用量与旋钮的位置是函数关系.

阶梯问题:旋钮在什么位置时烧开一壶水的燃气用量最少?

设计意图:培养学生的逻辑思维能力.通过学生间彼此交流讨论以及教师进一步引导,学生可以深入探究分析相关因素的重要程度,分析主要因素及次要因素;学生在教师的引导下,进一步加深对主要因素的理解,通过控制变量的方法弱化次要因素对探究过程的影响.

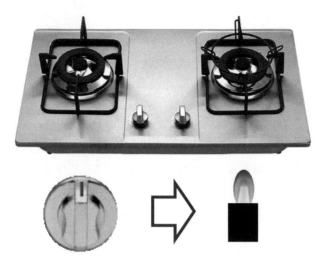

图 3-6 家用燃气灶及旋钮

问题转化

问题 2 当旋钮转角非常小时,燃气流量会怎样?随着旋钮转角增大,燃气流量又会怎样?

问题 3 旋钮转角很大时,燃气一定充分燃烧吗?

问题 4 旋钮在什么角度时用燃气最少呢?

问题 5 我们不可能测出所有旋钮转角对应的燃气用量,那怎么办?

设计意图:以问题串为载体,培养学生在现实生活中发现问题并提出或转化为数学模型问题的意识,提高其学习数学的兴趣;通过分析让探究的问题变得可测量,为后续的探究奠定基础.

模型方案

学生分小组合作交流模型方案,教师给予指导.

师生共同确定方案:

(1)给定燃气灶和一只水壶.燃气关闭时,旋钮的位置为竖直方向,我们把这个位置定为 $0°$.燃气开到最大时,旋钮转了 $90°$.选择旋钮的五个位置 $18°$,$36°$,$54°$,$72°$,$90°$.图 3-7 给出了上述不同旋钮角度下火焰的图像.

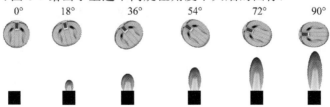

图 3-7 不同旋钮角度下火焰的对比

（2）在选好的五个位置上，分别记录烧开一壶水所需的时间和所用的燃气量.

（3）利用数据拟合函数，建立旋钮位置与烧开一壶水燃气用量的函数解析式.

（4）利用函数解析式求最小的燃气用量.

（5）对结果的合理性做出检验分析.

设计意图：关注学生主观能动性的发挥，一方面，有利于培养学生的独立思考能力，使学生养成积极探索的良好习惯；另一方面，有利于学生形成一定的合作意识.

实验数据

问题 6　为减少实验误差，我们该提出哪些假设呢？

问题 7　完成表 3-7 的数据填写.

表 3-7　燃气用量记录表（空）

旋钮角度	燃气表开始读数	燃气表水开时读数	燃气用量/m^3
18°			
36°			
54°			
72°			
90°			

师生共同探究得到如表 3-8 所示的数据.

表 3-8　燃气用量记录表

旋钮角度	燃气表开始读数	燃气表水开时读数	燃气用量/m^3
18°	9.080	9.210	0.130
36°	8.958	9.080	0.122
54°	8.819	8.958	0.139
72°	8.670	8.819	0.149
90°	8.498	8.670	0.172

用表 3-8 内数据作图,横坐标表示旋钮位置,纵坐标表示烧开一壶水的燃气用量的点,在直角坐标系上标出各点,如图 3-8 所示.

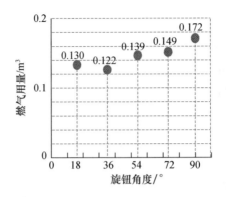

图 3-8　燃气用量坐标图

设计意图：通过数据分析,培养学生的数据采集和分类能力.

问题 8　从所选的五对数据可以判断燃气用量与旋钮角度之间存在什么样的函数关系呢？（即符合哪一个函数模型？）

设想学生可能遇到的困难：

（1）不知如何寻找温度与时间的函数关系；

（2）图形计算器的使用不熟练；

（3）不能恰当地选择函数模型,比如用指数模型时只从数学角度考虑却很难想到水温不可能降到室温以下,指数型函数图像的渐近线不是 x 轴,当图形计算器没有所需的函数模型时不会转化.

模型建立与问题求解

师生活动：

（1）师生共同分析,可以想象当旋钮旋转的角度非常小,有一点点火时,其火力是不能够将水烧开的,长时间燃火的燃气量却可以非常大,即图 3-8 中贴近纵轴的位置会非常高,那么整个图像就不是二次函数的图像了.

（2）在做实验时,每次烧水前的水壶温度真的完全一样吗？读数真的准确吗？我们在建立函数模型之前,主观上做了这样的假设：实验是足够准确的,所得的实验数据是精确的.

在我们学习过的函数图像中,二次函数的图像与之最接近,因此可以用二次函数近似地表示这种变化.

师生一起分析：

设二次函数的解析式为 $y=ax^2+bx+c(a\neq 0)$,取三点（18,0.130）,

$(36,0.122)$，$(90,0.172)$代入函数式，得方程组

$$\begin{cases} 18^2a+18b+c=0.130, \\ 36^2a+36b+c=0.122, \\ 90^2a+90b+c=0.172 \end{cases}$$

思考 1：如何求解 a,b,c？

思考 2：求燃气用量最少时的旋钮位置，实际上指的是函数哪方面知识？

教师总结：求函数的最小值点：

$$x_0=-\frac{b}{2a}=-\frac{-1.4722\times10^{-3}}{2\times1.9033\times10^{-5}}\approx39\text{（单位：}°\text{）}$$

$$y_0=\frac{4ac-b^2}{4a}=\frac{4\times1.9033\times10^{-5}\times1.5033\times10^{-1}-(1.4722\times10^{-3})^2}{4\times1.9033\times10^{-5}}$$

$$\approx0.1218\text{（单位：m}^3\text{）}$$

设计意图：培养学生的计算能力和逻辑思维能力．

模型检验

取旋转 $39°$ 的旋钮位置，烧一壶开水，所得实际燃气用量是不是 0.1218 m³？如果基本吻合，就可以依此作结论．如果相差大，特别是燃气用量大于 0.122 m³，最小值点就不是 $39°$，说明上述点的数据取得不好，可以换另外的点重新计算，然后再检验，直至结果与实际比较接近就可以了．实际上，我们从已知的五对数据可以看出，如果取 $(18,0.130)$，$(36,0.122)$，$(54,0.139)$，函数的最小值点就小于 $36°$ 了．

教师总结：很多实际问题的背后可能都隐藏着某种规律，这种规律可以用实验的方法进行探究，并用数学的方法加以刻画．

设计意图：让学生意识到每一次模型的建立并不一定完美，需要不断改进，尝试，再改进，再尝试，这有利于培养学生逐步形成认真、坚韧、严谨、求实和奋进的学习态度及创新精神．

案例 3　数学学习评价原则教学设计

一、教学目标

有计划、有目的地收集学生关于数学知识掌握程度，应用数学知识的能力和对数学的情感、态度、价值观等方面的信息，并根据这些信息对学生数学学习状况做出评价．

二、教学重点

掌握数学学习评价的功能、类型、方法．

三、教学难点

体会数学学习评价的功能.

四、教学过程

学习评价是教学活动的重要组成部分.评价应以课程目标、课程内容和学业质量标准为基本依据.数学学习评价要关注学生数学知识与技能的掌握,还要关注学生的学习态度、方法和习惯,更要关注学生的数学学科核心素养水平.教师要基于对学生的学习评价,反思教学过程,总结经验、发现问题,提出改进思路.因此,数学教学活动的评价,既包括对学生数学学习的评价,也包括对教师教学的评价.

在数学学习评价过程中,教师应坚持以学生发展为本,以积极的态度促进学生不断发展,学生数学学习评价应遵循以下原则.

1. 重视学生数学学科核心素养的养成

学习评价要以数学学科核心素养的养成作为评价的基本要素.

基于数学学科核心素养的教学要设计合适的教学情境、提出恰当的数学问题.在设计教学评价工具时,应着重对设计的教学情境、提出的问题进行评价.评价内容包括:情境设计是否体现数学学科核心素养,数学问题的产生是否自然,解决问题的方法是否为通性通法,情境与问题是否有助于学生数学学科核心素养的养成.

在设计学习评价工具时,要关注知识与技能的范围和难度;要有利于考查学生的思维过程、思维深度和思维广度(例如,设计好的开放题是行之有效的方法);要关注六个数学学科核心素养的分布和水平;要聚焦数学的核心概念和通性通法,聚焦它们所承载的数学学科核心素养.

2. 重视评价的阶段性

数学学科核心素养的达成是循序渐进的,基于内容主线对数学的理解与把握也是日积月累的.因此,应当把教学评价的总目标合理分解到日常教学评价的各个阶段,关注评价的阶段性.既要关注数学知识与技能的达成,也要关注相关的数学学科核心素养的提升;还应依据必修、选择性必修和选修课程内容的主线和主题,整体把握学业质量与数学学科核心素养水平.

对于基于数学学科核心素养的教学评价,建立一个科学的评价体系是必要的,学校可以组织教师与有关人员,进行专门的研讨,积累经验,特别是积累通过阶段性评价不断改进教学活动的经验,最终建立适合本校培养目标的科学评价体系.

3. 重视过程评价

数学学习评价不仅要关注学生当前的数学学科核心素养水平,更要关注学生成长和发展的过程;不仅要关注学生的学习结果,更要关注学生在学习过程中的发展和变化.学生的知识掌握、数学理解、学习自信、独立思考等是随着学习过程而变化和发展的,只有通过观察学生的学习行为和思维过程,才能发现学生思维活动的特征及教学中的问题,及时调整教与学的行为,改进学生的学习方法和思维习惯.此外,教师还要注意记录、保留和分析学生在不同时期的学习表现和学业成就,跟踪学生的学习进程,通过过程评价使学生感受成长的快乐,激发其数学学习的积极性.

4. 关注学生的学习态度

良好的学习态度是学生形成和发展数学学科核心素养的必要条件,也是最终形成科学精神的必要条件.在数学学习评价中应把学生的学习态度作为考查目标.

在对学生学习态度的评价中,应关注主动学习、认真思考、乐于交流、集中精力、严谨求实等指标.与其他目标不同,学习态度是随时表现出来的、与心理因素有关的,又是日积月累的、可以变化的.在日常教学活动中,教师要关注每一个学生的学习态度,对于特殊的学生给予重点关注;可以记录学生学习态度的变化与成长过程,从中分析问题,寻求解决问题的办法.

培养学生良好的学习态度,需要教师对学生提出合适的要求,更需要教师的引导与鼓励、同学间的帮助与支持,还需要良好学习氛围的熏陶、数学教师与班主任以及其他学科教师的协同努力.

五、科创练习

测量学校内外建筑物的高度项目的过程性评价

明确问题 给出下面的测量任务.

(1)测量学校内一座教学楼的高度;

(2)测量学校旗杆的高度;

(3)测量学校外一座不可及,但在学校操场上可以看得见的楼体的高度.

要求:每2~3个学生组成一个测量小组,以小组为单位完成;各人填写测量项目报告表(见表3-9),一周后上交.

表 3-9　测量项目报告表

项目名称：＿＿＿＿＿＿＿＿＿＿　　完成时间：＿＿＿＿＿＿＿＿＿＿

1. 成员与分工	
姓名	分工

2. 测量对象

例如，某小组选择的测量对象是：旗杆、教学楼、学校外的××大厦.

3. 测量方法（请说明测量的原理、测量工具、创新点等）

4. 测量数据、计算过程和结果（可以另外附图或附页）

5. 研究结果（包括误差分析）

6. 简述研究感受

背景介绍　运用所学知识解决实际测量高度的问题，体验数学建模活动的完整过程. 组织学生通过分组、合作等形式，完成选题、开题、做题、结题四个环节.

具体过程

教师可以对学生的工作流程提出如下要求和建议：

（1）成立项目小组，确定工作目标，准备测量工具.

（2）小组成员查阅有关资料，进行讨论交流，寻求测量效率高的方法，设计测量方案（最好设计两套测量方案）.

（3）分工合作，明确责任. 例如，测量、记录、计算、撰写报告等分工到人.

（4）撰写报告，讨论交流.可以用照片、模型、PPT 等形式展现获得的成果.

根据上述要求，每个小组要完成以下工作：

（1）选题.本案例活动的选题步骤略去.

（2）开题.可以在课堂上组织开题交流，让每个小组陈述初步的测量方案，教师和其他学生可以提出问题.例如：

如果有学生提出通过测量仰角来计算高度，教师可以追问：怎么测量？用什么工具测量？目的是提醒学生，事先设计出有效的测量方法和可得到的实用的测量仪器.

如果有学生提出要通过测量太阳照射下测量物的影长计算高度，教师可以追问：几时测量比较好？或者如果有学生提出通过比较测量物和参照物的影长计算高度，教师可以追问：是同时测量好，还是先后测量好？目的是提醒学生注意测量的细节.

如果有学生提出用照相机拍一张测量物和参照物（如一个已知身高的人）的合影，通过参照物的高度按比例计算出测量物的高度，教师可以追问：参照物应该在哪里？与测量物是什么位置关系？目的是提醒学生注意现实测量与未来计算的关联.

在讨论的基础上，小组最终形成各自的测量方案.讨论的目的是让学生仔细思考测量过程中将使用的数学模型，这样可以减少实践过程中的盲目性，培养学生良好的思维习惯；同时可以让学生意识到，看似简单的问题，也有许多需要认真思考、控制的无关变量，促进科学精神的形成.

（3）做题.依据小组的测量方案实施测量.尽量安排各个小组在同一时间进行测量，这样有利于教师的现场观察和管理.教师需要提醒学生，要分工合作、积极参与、责任到人.

在测量过程中，教师要认真巡视，记录那些态度认真、合作默契、方法恰当的测量小组和个人，供讲评时使用.特别要注意观察和发现测量中的问题，避免因为测量方法不合理而产生较大误差.当学生出现类似问题时，教师要把问题看作极好的教育契机，启发学生分析原因，引导他们发现出现问题的原因，寻求解决问题的办法.

（4）结题.在每位学生都完成"测量报告"后，可以安排一次交流讲评活动，遴选的交流报告最好有鲜明的特点，如测量结果准确、过程完整清晰、方法有创意、误差处理得当、报告书写规范等；或者测量的结果出现明显误差、使用的方法不当.交流讲评往往是数学建模过程中最为重要的环节，可以使学生在这一过程中相互借鉴，共同提高.

总结分析

测量高度是传统的数学应用问题,这样的问题有助于培养学生解决问题、动手实践、误差分析等方面的能力.测量模型可以用平面几何的方法,例如比例线段、相似形等;也可以用三角的方法,甚至可以用物理的方法,例如考虑自由落体的时间等.应鼓励学生在合作学习的基础上,自主设计、选择合适的测量方法来解决问题.

这样的教学活动,问题贴近生活,学生比较容易上手;采用选题、开题、做题、结题四个环节实施数学建模活动,能够使学生在做中学、在学中做,从中体会数学的应用价值,并且展现个性,尝试创新.

拓展

鼓励学生提出新的问题,积累数学建模资源.例如:

(1) 本市电视塔的高度是多少米?

(2) 一座高度为 H(单位:m)的电视塔,信号传播半径是多少? 信号覆盖面积有多大?

(3) 找一张本市的地图,看一看本市的地域面积是多少平方千米,电视塔的位置在地图上的什么地方.按照计算得到的数据,这座电视塔发出的电视信号是否能覆盖本市?

(4) 本市(外地)到北京的距离是多少千米? 要用一座电视塔把信号从北京直接发送到本市,这座电视塔的高度至少要多少米?

(5) 如果采用多个中继站的方式,用高 100 m 的中继塔接力传输电视信号,问:从北京到本市至少要建多少座这样的传递塔?

(6) 考虑地球大气层和电离层对电磁波的反射作用,重新考虑问题(2),(4),(5).

(7) 如果一座电视塔(例如高 300 m)不能覆盖全市,请你设计一个多塔覆盖方案.

(8) 至少发射几颗地球定点通信卫星,可以使其信号覆盖全球?

(9) 如果我国要发射一颗气象监测卫星,监测我国的气象情况,请你设计一个合理的卫星定点位置或卫星轨道.

(10) 在网上收集资料,了解有关"北斗卫星导航系统"的内容,在班里做一个相关内容的综述,并发表对这件事的看法.

附件

某个小组的研究报告的展示片段摘录:测量不可及"理想大厦"的方法

1. 测量方法

(1) 两次测角法.

① 测量并记录测量者的"眼高"h（单位：m）；

② 用大量角器，将一边对准理想大厦的顶部，计算并记录仰角 α；

③ 后退 a（单位：m），重复②中的操作，计算并记录仰角 β；

④ 理想大厦高度 x（单位：m）的计算公式为：

$$x=\frac{a\tan\alpha\tan\beta}{\tan\alpha-\tan\beta}+h,$$

其中 α,β,a,h 如图 3-9 所示.

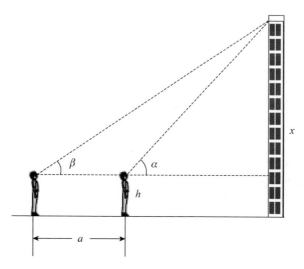

图 3-9　两次测角法

（2）镜面反射法.

① 将镜子（平面镜）置于平地上，测量者后退至从镜中能够看到理想大厦顶部的位置，测量测量者与镜子的距离；

② 将镜子后移 a（单位：m），重复①中的操作；

③ 理想大厦高度 x（单位：m）的计算公式为

$$x=\frac{ah}{a_2-a_1},$$

其中 a_1,a_2（单位：m）是测量者与镜子的距离，a 是两次观测时镜面之间的距离，h（单位：m）是测量者的"眼高"，如图 3-10 所示.根据光的反射原理，利用相似三角形的性质联立方程组，可以得到这个公式.

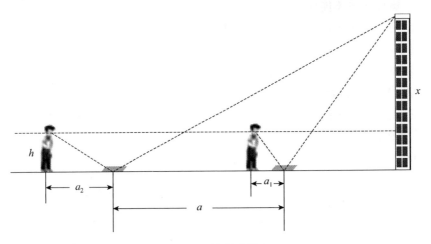

图 3-10　镜面反射法

2. 测量结果和误差分析

（1）两次测角法.

实际测量数据见表 3-10.

表 3-10　两次测角法的实际测量数据

	第一次	第二次
仰角	67°	52°

后退距离为 25 m,测量者的"眼高"为 1.5 m.计算可得理想大厦的高度约为 71.5 m,结果与估计值（70～80 m）相差不大.误差的原因是铅笔在纸板上画出度数时不够精确.减少误差的方法是几个人分别测量高度及仰角,再求平均值,误差就能更小.

（2）镜面反射法.

实际测量数据见表 3-11.

表 3-11　镜面反射法的实际测量数据

	第一次	第二次
测量者与镜子的距离	3.84 m	3.91 m

镜子的相对距离为 10 m,测量者的"眼高"为 1.52 m.计算可得理想大厦的高度约为 217 m,结果与估计值相差较大.

产生误差有以下几点原因：

① 镜面放置不能保持水平;

② 两次放镜子的相对距离太短,容易造成误差;

③ 看镜内物像时,两次不一定都看准镜面上的同一个点;

④ 不一定能保证在两次测量时"眼高"不变.

综上所述,要做到没有误差很难,但可以通过某些方式使误差更小.另外,我们可以用更多的测量方法找出理想的结果.

3.学习评价

对上面的测量报告,教师和学生给出评价.例如,对测量方法,教师和学生评价均为"优",因为对不可及的测量对象选取了两种可行的测量方法;对测量结果,教师评价为"良",学生评价为"中",因为两种方法得到的结果相差较大.

对测量结果的评价,教师和学生产生差异的原因是,教师对测量过程的部分项目实施加分,包括对自制测量仰角的工具等因素做了误差分析;学生则进一步分析产生误差的主要原因,包括:

(1)测量工具问题.对于两次测角法,自制量角工具比较粗糙,角度的刻度误差较大;对于镜面反射法,选用的镜子尺寸太大,造成镜面间距测量有较大误差.

(2)间距差的问题.这是一个普遍的问题.间距差 a 是测量者自己选定的,因为没有较长的卷尺测量距离,有的学生甚至选取间距差 a 为 1 m.由于间距太小,两次测量的角度差或者测量者与镜子的距离差太小,最终导致计算结果产生巨大误差.当学生意识到这个问题后,他们利用运动场上 100 m 跑道的自然长度作为间距差,使测量精度得到较大提高.

(3)不少学生用自己的身高代替"眼高",反映了学生没有很好地理解测量过程中"眼高"的测量含义.

在结题交流过程中,教师通过测量的现场照片,引导学生发现问题,让学生分析测量误差产生的原因.学生们在活动中意识到,书本知识和实践能力的联系与转化是有效的学习方式.

测量现场的照片和观察说明见表 3-12.

建模活动的评价要关注结果,也要关注过程,分为数学评价和非数学评价两部分.

对测量方法和结果的数学评价可以占总评价的 60%,主要由教师作评价.评价依据是现场观察和学生上交的测量报告,关注的主要评价点有:

表 3-12　测量过程记录表

照片	说明
	左图：测量角的工具（量角器）大小，造成仰角的测量误差很大. 右上图：用腕尺法测量时，腕尺应与地面垂直，手臂水平，否则就没有相似的直角三角形. 右下图：用镜子反射法时，要保持镜面水平，否则入射三角形和反射三角形就不相似
	测量仰角的工具：把一个量角器放在复印机上放大 4 倍复印. 在中心处绑上一个铅锤，这样测量视线和铅锤垂线之间的夹角可以在图上直接读出，这个角是待测仰角的余角
	测量距离的工具：用自行车来测距离，解决了皮尺长度不够的问题

（1）测量模型是否有效；

（2）计算过程是否清晰准确，测量结果是否可以接受；

（3）测量工具是否合理、有效；

（4）有创意的测量方法（可获加分）；

（5）能减少测量误差的思考和做法（可获加分）；

（6）有数据处理的意识和做法（可获加分）.

非数学评价可以占总评价的 40%，主要评价点有：

（1）每一名成员在小组测量和计算过程中的工作状态；

（2）测量过程中解决困难的思路和办法；

（3）讨论发言、成果汇报中的表现.

非数学评价主要是在学生之间进行，可以要求学生给出本小组以外其他汇报小组的评价，并写出评价的简单理由.

案例4　对数学的认识教学设计

一、教学目标

使学生初步了解数学科学与人类社会发展之间的相互作用，体会数学的科学价值、应用价值、人文价值，开阔视野，寻求数学进步的历史轨迹，激发学生对数学创新原动力的认识，使其受到优秀文化的熏陶，领会数学的美学价值，提高自身的文化素养和创新意识，实现数学智育和德育的完美统一.

二、教学重点

体会数学的社会价值、文化价值、教育价值.

三、教学难点

明确中学数学的教学特点以及中学数学与前沿数学的关系.

四、教学过程

1. 数学的社会价值

数学从它产生之日起就与社会有着密切的联系.从数学的起源来看，人类的社会实践是数学的源泉；从数学的发展来看，社会的需求是数学发展的实际支点；从数学研究的手段与领域看，社会生产和科技的进步，不但为数学研究开辟了日益增多的新领域，而且还提供了新的手段.当然，从数学科学的客观真理性来看，社会实践也是检验数学内容客观真理性的唯一标准.

按数学的社会功能可将数学分为四种形态：

（1）作为符号系统的数学.现在数学符号已成为通用的语言，在现代信息社会中许多事物和现象皆用数学符号来表征.（2）作为算法系统的数学.这是应用最广的数学形态.（3）作为形式系统的数学.现代数学知识大多数都采用形式化公理系统表述的体系.（4）作为模糊系统的数学.

数学研究从现实世界抽象出各种模型，并发现其间的结构及关系.其实，所有这些关于数学有用的解释都来源于这样的现实，即数学提供了一种有力的、简洁的和准确无误的信息交流手段.

美国科学院院士 J. G. Glimm 说过："数学对经济竞争力至为重要，数学是一种关键的、普遍使用的并授予能力的技术."时至今日,数学已兼有科学与技术两种品格,这是其他科学难以见到的.数学的贡献在于它对整个科学技术(尤其是高新技术)水平的推进与提高,科技人才的培养,繁荣经济的建设,全体公民的科学思想与文化素质的培育都产生着巨大的影响.回顾一下 20 世纪 60 年代"新数运动"的肇始,我们不难发现,在英国、美国等发达国家,公民的数学素养甚至被看成综合国力的一部分.由此可见数学社会价值的显著地位.

2. 数学的文化价值

文化,从广义上讲,指人类在改造自然和征服自然过程中所创造的物质文明和精神文明的总和;从狭义上讲,指社会的意识形态以及与之相适应的制度和组织机构.按照现代人类文化学的研究,文化是指由某些因素(居住地域、民族性、职业等)联系起来的各个群体所特有的行为、观念和态度等,也即各个群体所特有的生活方式.数学毫无疑问是人类文化的重要组成部分,拥有其独特的文化价值.

按照周春荔教授对数学价值分类观点和框架的阐述,数学的文化价值体现在以下三个方面:

(1)作为人类文化的重要组成部分的数学,它的一个重要特征是追求一种完全确定、完全可靠的知识.数学的研究对象必须有明确无误的概念,其方法必须由准确无误的命题开始,服从明确无误的推理规则,借以达到正确的结论.数学方法成为人类认识世界的一个典范,也成为人在认识宇宙和人类自己时必须持有的客观态度的一个标准.

(2)数学不断追求最简单的、最高层次的、超出人类感官所及的事物的根本规律.所有这些研究都是在最极度抽象的形式下进行的.这是一种化繁为简以求统一的过程.

(3)数学不仅研究宇宙的规律,也研究它自身.在发挥自身力量的同时又研究自身的局限性,从不担心否定自身.数学不断反思,不断批判自身,并且以此开辟自身前进的道路.想一想数学发展过程的三次危机,就能发现数学的这一文化魅力.

其实,数学发展过程中,各种分支或思想相互融合、各自发展,拥有一个共同相容性的基础和模型也可看作数学文化发展的重要特点.譬如,欧氏几何和非欧几何由冲突发展到自洽于一个共用的逻辑演绎体系.在古希腊,有欧几里得的《几何原本》作为严格演绎体系的代表,促使西方人不懈地追求逻辑思辨和理性精神;在古代东方有《九章算术》为代表的追求实用和算法的数学文化杰作,促使人们在"术"方面精雕细琢.正是由于两种观念和文化的碰撞和交融,才有了如今形式公理化体系和机械算法与模式体系并存的数学文化体系.所以,数学深刻地影响着人类精神生活.概括为一句话,就是它大大地促进了人类的思想解放,提高与丰富了人类的整体精神水平.从这个意义上讲,数学使人成为更完全、更丰富、更有力量的人.数学文化的遗传力量、符号化、文化传递、抽象化、一般化、一体化、多样化等正是人类社会实践、理性思考臻于完善的重要因子.

3. 数学的教育价值

所谓数学的教育价值，即数学教育对人的发展的价值. 如何认识数学的教育价值，这是数学教育的一个基本理论问题. 正确认识数学的教育价值是数学教育工作者为了卓有成效地进行数学教育而必须具备的一种理论素养. 古往今来，但凡受过适度教育的人，都要接受不同程度的数学教育. 那么，为什么要进行数学教育？为什么要把数学设为学校的主科？要回答这些问题，有赖于对数学教育价值的理解. 正确认识数学的社会价值与文化价值，才能全面认识数学对发展人的素养的功能，这正是理解数学的教育价值的基础. 数学的教育价值主要体现在以下几个方面：

（1）数学的工具价值.

数学对于人认知客观世界、改造客观世界的实践活动的教育作用和意义，主要体现为数学可作为一种工具. 人们运用数学的概念、法则、数学语言、数学符号和数学思想方法等来解决实际和科学研究问题.

（2）数学的认识价值.

数学是思维训练的体操，说的就是数学的认识价值. 当然，数学对思维能力的训练和培养不仅体现在逻辑推理方面，还体现在合情推理方面. 数学是培养探索、解决问题能力的最经济的场地. 培养数学思维这一功能是数学教育价值中最突出的体现. 在数学思维的内容体系中，数学方法是核心内容.

数学是辩证思维的辅助工具和表现形式. 抽象与具体，理论与实际，以及量与质、数与形、已知与未知、正与负、常量与变量、直与曲、连续与离散、有限与无限、精确与模糊等对立的数学概念，在一定条件下实现相互转化，这表明数学中充满辩证法.

（3）数学的德育价值.

所谓数学的德育价值，是指数学在形成和发展人的科学世界观、道德品质和个性特征过程中所具有的教育作用和意义. 通常来说，数学可以培育人尊重事实，服从真理这样一种科学的精神；可以造就人精神集中、做事认真负责的态度；可以培育人脚踏实地、坚韧勇敢、顽强进取的精神. 这正是辛钦谈及的学习数学可培养人的真诚、正直、坚韧和勇敢等品质. 这些都是由数学的抽象性、严谨性和逻辑性所决定的.

（4）数学科学的美学价值.

所谓数学的美学价值，是指数学在培养、发展人审美情趣和能力方面所具有的教育作用和意义. 科学之所以给人们以美的感受和力量，就在于秩序、和谐、对称、整齐、结构、简洁、奇异这些使人们产生美感的客观基础，而数学恰恰是集中了这些特点，并以纯粹的形式出现. 数学理性美表现为和谐美、简洁美、对称美、奇异美等. 正如罗素所说："数学，如果正确地看它，不但拥有真理，而且也具有至上的美.正如雕刻的美,是一种冷而严肃的美.这种美没有绘画或音乐那些华丽的装饰,它可以纯洁到崇高的地步,能够达到严格得只有最伟大的艺术才能显示出的那种完美的境地."这也正说明数学具有培育人美感的价值,并且这种价值的培养是一个漫长和艰辛的过程.

五、科创练习

泡茶模型设计

明确问题

茶已成为全世界大众化、受欢迎、有益于身心健康的绿色饮料.那么,你知道如何才能泡制出一杯口感最佳的茶吗?

背景介绍

中国文化博大精深,茶文化亦是如此.中国茶文化源远流长,不但包含物质文化,还包含深厚的精神文化.茶的精神文化渗透庙堂和乡野,深入诗词、绘画、书法.几千年来中国不但积累了大量关于茶叶种植、生产的物质文化,更积累了丰富的有关茶的精神文化.茶文化的精神文化即是通过沏茶、赏茶、闻茶、饮茶、品茶等行为表现与中国文化的内涵和礼仪相结合形成的一种具有鲜明中国文化特征的文化现象,也可以说是一种礼节现象.

科学的泡茶技术包括三个要素,即用茶量、泡茶水温、冲泡时间.泡茶水温的高低和用茶量的多少,影响冲泡时间的长短.水温高,用茶量多,冲泡时间宜短;水温低,用茶量少,冲泡时间宜长.如用普通茶杯泡饮一般红、绿茶,每杯放茶叶3克左右,先倒入少量开水,浸没茶叶即可,水温在80℃为宜,加盖3分钟左右,再加开水到七八成满,饮用时的最佳口感温度为60℃.

问题分析

问题 1 影响茶口感的因素有哪些?

问题 2 如何处理这些影响茶口感的因素呢?

师生活动:教师引导学生结合探究的相关因素的重要程度,突出主要因素,弱化次要因素的影响;学生在教师的引导下,进一步思考确定主要因素,通过控制变量的方法弱化次要因素对探究过程的影响.

教师总结:在此次探究过程中,我们将水温作为主要因素,可以在探究开始前,先提出一些假设,通过控制变量的方法减少它们对结果的影响.例如,在实验过程中假设:

(1) 选择同一种且等量的茶叶冲泡;

(2) 使用同一个茶具,比如同一个玻璃杯;

(3) 固定初始泡茶的水温85℃;

(4) 在同一环境温度25℃下,使用相同的纯净水,并用相同的泡茶方法.

问题 3 如何刻画茶水降温的过程?

师生活动：学生间彼此交流讨论.

教师总结：茶水降温的过程中也伴随着时间的变化,因此我们可以建立茶水温度随时间变化的函数模型,将茶水温度的实测过程转变为时间估计的问题,使得不用时刻测试水温,进而根据函数模型,通过简单计算就可以知道大约需要放置多长时间才能达到口感最佳的温度.

问题转化

在 25℃室温下,用 85℃的开水泡制的茶大约需要放置多长时间,温度能够降到 60℃而达到口感最佳?

设计意图：设计真实的生活问题,培养学生在现实生活中发现问题并提出或转化为数学问题的意识,提高其学习数学的兴趣;通过分析让探究的问题变得可测量,为后续的研究奠定基础.

收集数据

请学生分组合作,为获取数据设计实验流程.

师生活动：学生分组合作,设计实验流程,并在班内分享交流,互相完善,最终形成实验流程.

设想：用 85℃的开水泡好一杯茶,每 1 min 测量一次茶水温度,并进行记录.

问题 4　该实验过程需要用到哪些测量工具?

师生活动：学生总结,需要秒表和温度计.

问题 5　怎样保证测量数据的准确性以减少误差?

师生活动：引导学生提出,在实验过程中可多次重复实验,取平均值以减小误差.

让学生课后按照实验流程进行实验,获取并记录一组数据.

设计意图：让学生参与到数据收集的设计和实施过程,培养学生严谨的思维.

某研究人员按上述实验流程进行实验,得到如表 3-13 所示的一组数据.

表 3-13　用 85℃纯净水泡茶的茶水温度变化数据

时间 x/min	0	1	2	3	4	5
温度 y/℃	85.00	79.18	74.74	71.18	68.18	65.11

模型分析

观察表 3-13 中的数据会发现,随着时间的变化,茶水的温度也在发生着变化,这两个变量存在着某种函数关系,但并没有现成合适的函数模型,所以我们可能借助数据的趋势进行分析.由表 3-13 中的数据可作出散点图,见图 3-11.

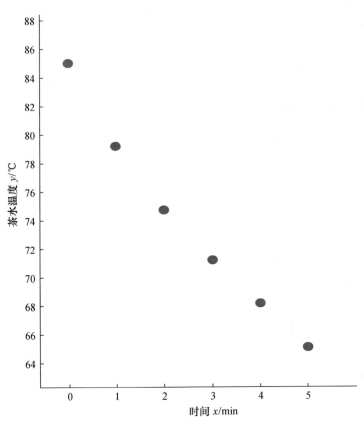

图 3-11　茶水温度变化数据的散点图

问题 6　观察图 3-11,两个变量有怎样的变化趋势?

师生活动:学生回答,随着时间的增加,茶水温度逐渐降低.

问题 7　当时间不断延长,最终茶水能降到什么温度?

师生活动:学生思考并回答,茶水最终将趋于室温 25℃.

问题 8　请同学们在前期学习的函数中找到符合趋势的函数模型.

师生活动:学生思考并交流,可能会提出各种单调递减函数作为备选模型.教师引导学生关注茶水温度降到室温就不能再降的事实,再结合几类基本初等函数的变化特征,指导学生做出选择.

教师总结:自变量小于或等于 0,函数值大于或等于 25,随着自变量的变化函数值呈递减趋势且逐渐趋于 25.结合以上特征,我们初步可以选用 $y=k\alpha^x+25$ $(k\in \mathbf{R},0<\alpha<1,x\geqslant 0)$ 来近似刻画茶水温度随时间变化的规律.

模型求解

问题 9　如何利用表 3-13 中的数据求解函数模型中的参数 k 和 α.

师生活动:学生思考,教师给予适当引导.

根据实际情况可知,当 $x=0$ 时,$y=85$,可得 $k=60$.于是得到函数模型
$$y=60\alpha^x+25 \quad (0<\alpha<1,x\geqslant 0)$$
为求衰减比例 α,将函数模型改写为
$$y-25=60\alpha^x \quad (0<\alpha<1,x\geqslant 0)$$
从第 2 min 的茶水温度数据开始,计算每个时间点与前一时间点 $y-25$ 的比值,可得到表 3-14.

表 3-14　茶水温度衰减比例变化表

x	0	1	2	3	4	5
$y-25$	60.00	54.18	49.74	46.18	43.18	40.11
比值		0.9030	0.9181	0.9284	0.9350	0.9289

问题 10　请同学们结合图 3-12~图 3-16 给出的五个函数图像与实际数据的吻合情况,思考应该如何选取 α 的值.

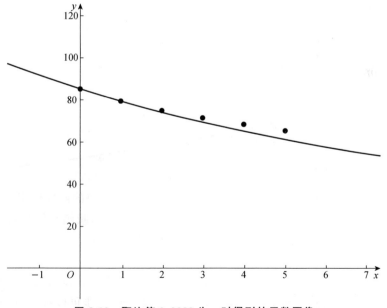

图 3-12　取比值 0.9030 为 α 时得到的函数图像

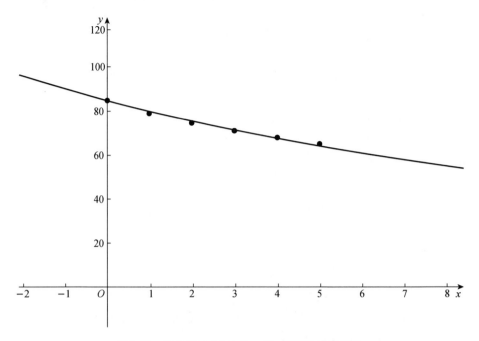

图 3-13 取比值 0.9181 为 α 时，得到的函数图像

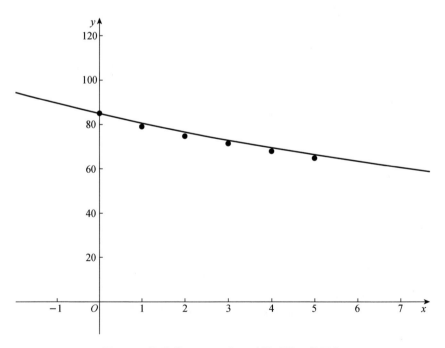

图 3-14 取比值 0.9284 为 α 时得到的函数图像

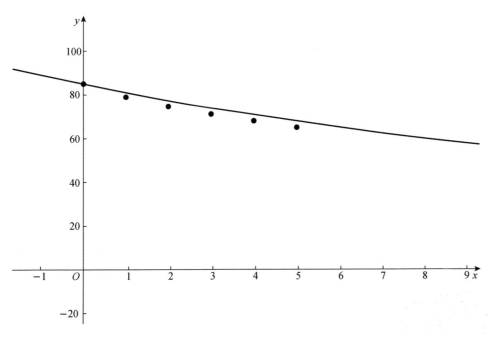

图 3-15 取比值 0.9350 为 α 时得到的函数图像

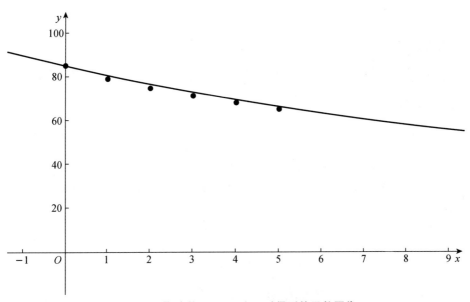

图 3-16 取比值 0.9289 为 α 时得到的函数图像

师生活动：学生比较这五个函数图像的吻合程度，与实际数据最吻合的是取 α 为比值 0.9181，因此可以选择函数 $y=60×0.9181^x+25$ 作为本题的模型.

教师进一步引导学生计算比值的平均值,并以它作为递减比例 α,从而得到函数模型

$$y = 60 \times 0.9227^x + 25$$

其图像如图 3-17 所示.

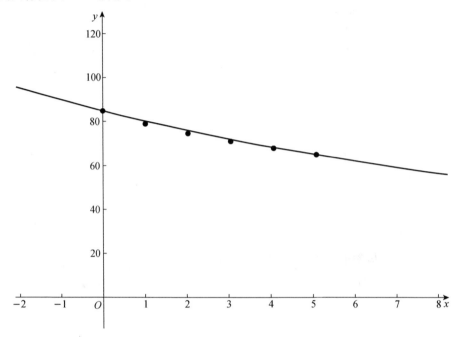

图 3-17 以比值的平均值作为 α 时得到的函数图像(衰减比例 α 为 0.9227)

通过比较,采用比值的平均值作为衰减比例与实际数据更加吻合,因此选取的函数模型为

$$y = 60 \times 0.9227^x + 25$$

教师总结:这种采用平均值的方法在解决实际问题中也是很常见的. 因为实验所得到的数据并不一定具有很强的规律性,所以我们在实际操作过程中应进行大量的重复实验,以保证数据的代表性. 在函数模型的选择上也是多样的,所选择的函数模型一般也只能大致反映茶水温度变化的局部规律,因此建立模型后需要对模型进行检验.

求解问题

问题 11 在 25℃室温下,刚泡好的茶大约需要放置多长时间才能达到最佳口感?

师生活动:学生完成计算思路,教师给予信息技术支持求解最后答案.

将 $y = 60$ 代入 $y = 60 \times 0.9227^x + 25$,得

$$60 \times 0.9227^x + 25 = 60$$

解得 $x \approx 6.6997$（单位：min）.

教师总结：至此，我们完成整个实际问题的探究，并得到在 25℃室温下，用 85℃开水泡制的茶大约需要放置 7 min，温度可达到 60℃的最佳口感.

问题 12　你体会到研究这个问题具有哪些实际价值？

师生活动：学生思考并发言.

教师总结：很多实际问题的背后，都可能隐藏着某种规律，这种规律可以用实验的方法进行探究，并用数学的方法加以刻画.

作业布置：请学生仿照上述过程开展一次建立数学模型解决实际问题的活动，可以继续研究不同室温下用茶杯泡制不同品种茶时口感最佳所需的时间，也可以从下列题目中选择一个：

（1）应在炒菜之前多长时间将冰箱里的肉拿出来解冻？

（2）用电磁炉烧一壶开水，试找出最省电的功率设定方法.

案例 5　创新思维能力的培养

一、教学目标

（1）了解创新思维的品质和特征，将其应用到具体的数学教学中；

（2）提升学生的数学素养、科学创新素养.

二、教学重点

培养学生的创新思维能力.

三、教学难点

学生创新思维品质的评价与衡量.

四、教学过程

1. 创新思维的概念

思维能力反映在通常所说的思维品质上，它是创新思维结构中的重要部分. 创新思维是具有创新精神的人捕捉到新颖、有价值的信息并进行分析、整理，抓住事物的本质，通过研究、推理、判断后形成新颖、独创、科学地解决问题的办法、方案、计划或观点的思维过程. 创新思维是由直觉思维、集中思维、发散思维和灵感思维等结合后组成的高级思维.

2. 创新思维的特点

不同于一般思维活动，创新思维的本质特征在于新颖性和打破常规解决问

105

题的方法,将已经有的知识或经验进行改组或重建,创造出个体所未知或社会前所未有的思维成果.创新思维是创造性想象和积极参与的结果,灵感状态是创新思维的一种典型特征.区别于一般思维,创新思维主要有以下几个特征:

(1) 独特性.创新思维的独特性是指产生不寻常的反映和打破常规的那种能力.独特性在思维的方法、思维的角度、思维的层次、思维的深度、思维的广度等方面都有所表现.

(2) 抗压性.由于创新思维产生的观点、方案、计划会与已知的不一样而可能遭到反对、质疑,但有创新意识的人不会太在意别人的看法,他们愿意冒着被别人嘲笑的风险,提出一些最初可能显得有点愚蠢的想法.

(3) 实践性和综合性.实践是创新的基础,创新思维产生的观点、方案、计划只有在实践中才能得到检验,才能产生更多的精神和物质财富.创新思维在实践中的更新、完善,不是被动地改变,而是主动地适应.创新思维是站在巨人肩上的思维,把许多前人的理论观点吸收过来进行整理、综合,使之成为思维的材料,结合自己思维过程中的观点,加强其条理性.

(4) 全面性和多向性.面对新现象,创新思维不但考虑表面的东西,更考虑本质的东西,并且这种思维不定期地由此及彼,联系思维中相近的、类似的或相反的东西,观察现象的各个方面,考虑问题力求全面,避免"一叶障目不见泰山".创新思维局限于它所面对的现象和已经确定的思维目标,它的思维过程不是单向的而是多向的,所产生的观点、设想、方案也不是单一的,而是多种多样的.

(5) 飞跃性.创新思维在思考过程中经常会由灵感产生,一个意外的设想会突然冒出来,使思考结果出现突破性进展.这种飞跃性的思维在许多发明家的思考过程中时有出现.

创造或创造性活动最显著的特点是新奇独特,前所未有.在这里有必要指出,首创性是相对的,对于科学家,这种首创性是对全人类在某类问题上总的成果而言的;而对学生来说,尽管他们发现的或许是人们久已熟知的东西,所创造出来的事物并无社会价值,但就其自身来说这也是对某种新事物的发现和发明,对其智力发展有着积极的作用,其思维过程是创造性的,是有价值的.

3. 创新思维的形式

了解创新思维的形式有助于创新思维的培养.创新思维有其独特的形式,根据其相互关系可分成以下四对:

(1) 集中思维和发散思维.集中思维是指对一个问题探求一个正确的答案,要求每一个思考步骤都指向这个问题的答案.发散思维是指一种不依常规,从不同的方向、不同的角度,提出不同的设想,探索不同的答案.

(2) 逻辑思维和直觉思维.逻辑思维是遵循逻辑规律,有步骤地对事实材料进行层层推演,或依据某些原理、法则进行推导,得出结论的思维方式.直觉思维是未经逐步分析,依据事物现象或直接感触迅速做出合理的猜测、设想的思维方式.

（3）求全思维和求进思维.求全思维是将思考对象从水平方向上,依其各相关部分和特点进行思考,从而找出有待完善的部位,确定如何改进的思维方式.求进思维是将思考对象从垂直发展方向上,依照其各个发展阶段进行思考,从而预测下一步的发展趋势,确定研究内容的思维方式.

（4）反向思维和类比思维.反向思维是将思考对象的整体或部分反过来思考,以求得创新产物的思维方式.类比思维是把某事物与所思考的对象联系起来,从它们相似的一个或几个特点的比较出发,以求得问题解决的思维方式.

4. 培养学生的创新思维

创新思维需要逻辑思维与非逻辑思维的综合,是一种非常复杂的心理和智力活动,这种思维以它的效果是否具有新颖性、独创性、突破性与正确性为检验标准.数学创新思维运用了数学中逻辑思维、形象思维、直觉思维的作用,发挥了下意识活动的能力,因而能按最优化的数学方法与思维,不拘泥于原有理论的限制和具体内容及细节,完整地把握数与形有关知识之间的联系,实现认识过程的飞跃,从而达到数学创造的完成.

中学数学课程标准要求"重视引导学生自主探索,培养学生的创新精神".显而易见,中学数学课程标准十分注重学生创新思维的培养,并把它当作中学数学教学创新能力培养的重要内容.

培养学生的创新思维可以从下面几个方面进行:

（1）转变观念,鼓励学生进行数学推广和问题解决多样化的尝试.

第一,教师可以让学生多尝试,根据学生的心理特点和教育规律,把学生的主体地位和教师的引导作用结合,通过情境设计、尝试操作和学生的互动作用,让学生在自己的摸索中找到答案,从而激发学生的创新兴趣,培养他们的创新精神.传统的课堂教学是"教师讲,学生听",这种方式像一根无形的绳索束缚着教师和学生,忽视了学生的主体地位,扼杀了学生的好奇心和创新思维.教师应该让学生成为课堂教学的主体,变"先讲后练"为"先尝试发现,再学习训练";变"学生跟着教师转,教师抱着学生走"为"教师顺着学生引,学生试着自己走".在教学中教师应该以学生的思维运转为中心,教师的作用是给学生创造尝试的条件,引导学生的思维朝创新的方向发展.这样,学生的主体地位被突出,创新思维有了发展的空间,创新的兴趣会越来越浓,创新能力也越来越强.

第二,在所有的数学发现与创造中,通过推广而获得的概念、理论和方法等新的发现与创造至少占半数以上.数学推广可使数学结论（或概念）更具抽象性和统一性,更能揭示数学对象的本质及不同对象间的联系.而对数学对象本质的揭示正是数学发现所追求的重要目标.实践表明,学生掌握了推广的方法,就等于掌握了探索数学未知领域的一种极为重要的手段.

第三,鼓励解决问题策略的多样化,让学生成为学习的主人,把思考的空间和时间留给学生.教师的工作贵在启发,重在信任,要让学生有表现自己才干的机会.学生是数学学习的主体,教师要引导学生主动学习.所谓主动学习,就是强调学习数学是一个学生自己经历、理解和反思的过程.这对学生理解数学是十分必要的.学生学习数学不应当是被动地吸收课本上的现成结论,而应当是学生积极参与的、充满丰富思维活动的实践和创新过程.具体地说,学生应该从他们既有的经验出发,在教师帮助下自己动手、动脑,提升依靠自己解决问题的能力.

不同的学生有不同的思维方式、兴趣爱好以及发展潜能.教学中应关注学生的这些个性差异,允许学生存在不同层次的思维水平和多样化的思维方式.

例如"用火柴棒搭正方形"的活动:首先提出搭一个正方形需要 4 根火柴,通过让学生动手操作,看搭建 2 个,3 个,…,10 个正方形需要多少根火柴棒.进而探索搭建 100 个正方形需要多少根火柴棒.在探索的过程中,由于学生的思维方式不一样,所以归纳出的表达式也是不相同的,比如 $4+3(x-1)$,$x+x+(x+1)$,$1+3x$,$4x-(x-1)$ 等.

教师不要急于评价各种算法,应引导学生通过比较各种算法的特点,选择适合于自己的算法.由于学生知识背景和思考角度不同,所使用的方法必然也是多样的,教师应尊重学生的想法,提倡思维方式多样化.

(2) 鼓励学生进行数学猜想.

中学数学课程标准对数学推理能力解释为:"能通过观察、实验、归纳、类比等获得数学猜想,并进一步寻求证据,给出证明或举出反例."也就是说,学生获得数学结论应当经历从合情推理到演绎推理的过程.合情推理的实质是"发现",因而关注合情推理能力的培养有助于发展学生的创新精神.当然,由合情推理得到的猜想常常需要证实,这就要通过演绎推理给出证明或举出反例.

牛顿说过:"没有大胆的猜想,就做不出伟大的发现."数学猜想是数学创造由隐到显的中介,提出数学猜想的过程本质上仍然是数学探索和创造的过程.因此,加强数学猜想的训练,发展学生提出数学猜想的能力,对于培养学生的创造性思维具有十分积极的作用.一般来说,知识经验越多、想象力越丰富、提出数学猜想的方法掌握得越熟练的人,提出的猜想的置信度就越高.

例如,在"轴对称图形"的教学设计中,首先出示松树、衣服、蝴蝶、"双喜字"等图形,让学生讨论这些图形所具有的性质;其次,引导学生讨论并得出"这些图形,当它们沿一条直线对折时左、右两侧正好能够完全重合"这便得到"轴对称图形"的概念;再次,为了加深学生的理解,当学习了"轴对称图形"后,还可以让学生以互相提问的方式列举生活中的"轴对称图形"(比如数字、字母、汉字、人体、生活用品等).学生在探索和交流的过程中,经历了观察、实验、归纳、类比、推理等思维过程.

(3) 鼓励学生进行数学反驳与反向思维.

第一,反驳也是一种数学创造,是促进数学发展的强大动力.因此,把批判的思想引入数学的学习之中,鼓励学生进行数学反驳是数学教学的任务之一.

学生学会观察、学会创造性地提出问题、善于观察,就会随时发现问题,从平凡中发现不平凡,从常人所不能发现问题的情境中发现问题,并从中抽象出特殊的本质.这是创新、发明的基本素质.教师要提倡学生通过对数学问题或对象的属性、特征等信息的洞察,善于发现问题,敢于提出问题.

第二,通过反向思维的训练,可以改变思维习惯.与一般人思考问题的方向不同,与平常思考问题的步骤不同,对别人没有想的或者认为是正常的事情你却加以思考,这是一种反向思维;别人对某一问题通常是这样考虑的,然而你却从其他角度去考虑,这也是一种反向思维.通过这样一些反向思维,常做"思维倒立体操",可以得到许多创新的灵感.培养反向思维,有两种方法:① 把事物的作用过程倒过来思考.受思维习惯的影响,人们思考问题时往往沿着固有的思维定式和思维程序去进行,顺着事物发展和作用的正常程序去进行,而反向思维弥补了正常思维的不足,对于自变量多而复杂的重大问题,常常能取得满意的解决方法.② 把事物的重要结果倒过来思考,反向思维将结果倒过来思考,会获得常规思维发现不了的新出路、新方法、新结果.尤其是在面对一因多果、一果多因的问题与现象时,反向思考因果的顺序,更可能发现隐蔽的因素与条件.思维定式固然有其优越性的一面,但在科技发展一日千里、变化错综复杂的今天,不能用以往形成的老经验来习惯性思维."问渠哪得清如许,为有源头活水来."思维如流水,流水不腐,让思维不再习惯,那么创新思维将源源不断.

(4) 鼓励学生进行数学想象.

数学史上许多重大的成就都是借助于数学想象产生的.生活在三维空间的数学家,通过想象,其思想可以在无穷维空间中驰骋,构造出一个个抽象数学模型,发现一个又一个定理.

教师要善于遵循知识规律,启发联想,培养学生丰富的想象力.在数学教育中,通过联想训练,既能使学生摆脱思维的单一性、呆板性和习惯性,又能促进形象思维向逻辑思维转化,提高创新能力.掌握的知识再多,若缺乏想象力,不敢大胆地去猜想,在科学研究中也是难以有所创造发明的.足够的知识只是为创造发明提供良好的基础,没有丰富的想象力,再多的知识有可能只是一潭死水.

（5）拓宽学生知识面.

为了提高学生数学创新思维能力,造就未来数学创造型人才,应当拓宽学生的知识面,改变他们的知识结构,使他们成为既具有一定的数学专业知识,又掌握数学的思想方法与思维方式,还具有一定的哲学、文学、艺术修养的人.

（6）引导学生适当参加科研活动.

适当参加科研活动,不仅有利于深化学生对学习内容的理解,有利于学生对学习提出更高层次的期望,而且在科研实践中,学生创新性的观察能力、分析能力和解决问题的能力都会得到提高.

（7）重视学生意志品质的培养.

科学创造活动要获得成功并取得光辉的成就,需要有百折不挠的坚强意志和献身精神,而这种意志和精神需要教师在教学工作中有意识地对学生加以培养.

数学学习需要付出艰辛的劳动.数学虽然被誉为美的乐园,但是数学中的美并不是任何人都能鉴赏的.在学习数学的过程中,常常会遇到许多困难,优秀的数学教师会启发学生:要想在创新的道路上取得成功,必须要有顽强的毅力,勤奋能使自己的运气好.

（8）为学生提供轻松的学习环境.

在创新思维中,人的精力高度集中,注意力专注于思考对象上,思维极度活跃,新形象、新思路、新方案的产生常常有突然性,这种突然产生解决问题方式的状态就是灵感.自由、民主、安全的环境氛围往往容易产生灵感.但在教学过程中,学生往往担心答错或答案不完备而遭到别人的嘲笑和讽刺,因而不敢发言.这不但影响了创新思维的发展,而且很多灵感也被扼杀.所以,在教学过程中,要尽量减少对学生思维的限制,对学生的想法不要一开始就批评、指责,而是引导学生进行师生之间和学生之间的讨论,使学生敢想、能想、会想、善想,让灵感的火花不断被撞击出来.

（9）设计学生学习时的问题情境.

优秀的数学教师,在教学中不仅有严密的逻辑推演,还会设计问题情境,激发学生的创造情绪,点燃学生的智慧火花,让学生在实践的过程中,根据自己的体验,用自己的思维方式重新创造出各种证明方法、运算法则,发现各种定律.这样,学生的内部动机(包括成就感、智力满足感、好奇心和对此学习活动的热爱)被激发出来,创新思维就会得到很好地培养.

教学要给学生提供自主探索的机会,让学生在讨论的基础上发现问题和解决问题.要安排适量的具有一定探索意味的开放性问题,给学生比较充分的思考时间,培养学生乐于钻研、善于思考、勤于动手的习惯,让学生有机会在不断探索与创造的氛围中发展解决问题的能力,体会数学的价值.

（10）改进测试方法和评价标准,促进学生创新思维的发展.

在具体的评价方式上,可通过学生自评、学生互评以及小组评价等多种形式进行.在考试方式上,也要打破传统教育中考试方式单一化的特点.书面考试固然是一种省时、简捷的考试方式,但这种考试方式往往只限于考查学生对已学知识掌握的情况,而这些知识是否真正为学生所吸收,并转化为能力,是很难通过书面考试的方式体现出来的.因此,除采用书面考试的方式外,教师还可以根据学生所学知识的具体情况,选用其他的考试方式,如口试、开卷考试以及实践能力考试等.但不论采取何种考试方式,其要点在于这种方式能否全面检验学生的知识水平和能力,尤其是学生的创新能力.通过丰富多样的评价考查形式,可以促使学生开放性个性、创新意识和创新精神的形成.

五、科创练习

正方体截面的探究

明确问题　结合正方体截面设计的系列问题,引导学生完成探究、发现、解决新问题的过程,积累数学探究的经验.

背景介绍　用一个平面截正方体,截面的形状将会是什么样的?启发学生提出逐渐深入的系列问题,引导学生进行逐渐深入地思考.例如:

（1）给出截面图形的分类原则,找到截得这些形状截面的方法,画出这些截面的示意图.例如,可以按照截面图形的边数进行分类（图 3-18）.

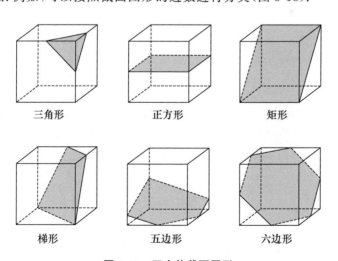

图 3-18　正方体截面图形

（2）如果截面是三角形,可以截出几类不同的三角形?为什么?

（3）如果截面是四边形，可以截出几类不同的四边形？为什么？

（4）还能截出哪些多边形？为什么？

然后进一步探讨：

（5）能否截出正五边形？为什么？

（6）能否截出直角三角形？为什么？

（7）有没有可能截出边数超过 6 的多边形？为什么？

（8）是否存在正六边形的截面？为什么？

最后思考：

（9）截面面积最大的三角形是什么三角形？为什么？

问题分析　这是一个跨度很大的数学系列问题，可以针对不同学生，设计不同的教学方式，通过多种方法实施探究. 例如，可以通过切萝卜块观察，启发思路；也可以在透明的正方体盒子中注入有颜色的水，观察不同摆放位置、不同水量时的液体表面的形状；还可以借助计算机绘图技术直观快捷地展示各种可能的截面. 但是，观察不能代替证明. 探究的难点是分类找出所有可能的截面，并证明哪些形状的截面一定存在或一定不存在. 可以鼓励学生通过操作观察，形成猜想，证明结论. 经历这样逐渐深入的探究过程，有利于培养学生发现问题、分类讨论、作图表达、推理论证等能力，在具体情境中提升直观想象、数学抽象、逻辑推理等素养，积累数学探究活动经验.

第四章　基于科创素养培育的第二课堂活动

教育是对推动国民经济、社会文化和民众主观幸福感提高与发展的重要力量,这就需要让更多的学生接受完善的教育,提升必要教育完成率.随着我国经济建设不断增强,高等院校的办学规模不断扩大,大学毕业生的数量逐年增加,各高等院校纷纷采取不同形式,对现行教育方式、方法进行改革,对毕业生积极开展就业技能教育,对在校生加强职业培训建设.但从各大企业见习岗位要求可以看出,毕业生的综合素质已经成为就业的刚性需求.高等院校想要培养具备高素质、高能力的毕业生就必须从阶段性教与学组织架构的单轨道,转向科学技能发展与个人综合素质并重建设的双轨道,这样才能保证毕业生在激烈的人才市场竞争中脱颖而出.

开展基于科创素养培育的第二课堂活动,有助于进一步完善学生的知识结构,也能够提升学生的专业学术能力、创新精神和批判思维.借助高等院校优秀的教学平台,为学生提供多层次多样化的社会实践机会,可以进一步增强学生的社会适应能力,迅速向学生传递有关相关领域前沿的最新信息.兼具科学性和人性化的第二课堂活动通过一套完整的促进学生全面发展的科创课程,帮助学生认识整个社会价值体系,培养学生科技创新能力.同时,学生可以根据第二课堂成绩单对自己做出相对客观的综合素质评价,让学生更好地了解自己,从而更加明确未来的职业发展规划.

第一节　以数学建模为主题的第二课堂活动设计与实施

一、整体设计

数学作为一门重要的基础学科和一种精确的科学语言,以一种极为抽象的形式出现,这种极为抽象的形式有时会掩盖数学内涵的丰富性,并可能对数学的实际应用价值造成障碍.传统的数学教学采用"概念→定理→证明→例题→练习"的"注入式"教学模式,按照教学大纲教给学生一套从定义、公理到定理、推论等看起来结构严谨的知识体系,但却没有发现数学的应用被局限在物理、天文、金融等方面.学生对数学学科的发展历史、数学的实际应用、数学学习的特点等关键性问题过于忽视,加剧了数学学习时抽象性造成的困难和就业前景的不明朗性.高等院校数学学院(系)的学生中第一志愿填报数学专业的学生往往较少,甚至有一部分学生是从其他专业调剂过来的,这表明大部分学生对数学专业课程的学习兴趣低迷,而教师在课堂上由于课时所限,只能给学生传达数学很有用,至于用在什么地方,具体怎么用,没能深入展开,这就使很多学生认为学习数学仅仅是一种思维的训练,不能创造价值,从而缺乏长久学习的动力和兴趣,数学学科也逐步演变成一门令学生倍感枯燥的学科.

国务院《关于深化教育改革全面推进素质教育的决定》中明确指出:实施素质教育,重点是培养学生的创新精神和实践能力.联合国教科文组织的报告《学会生存》认为:教育具有开发创造精神和窒息创造精神这种双重的力量.数学文化几千年的发展实践已经充分说明,创新是数学文化强大的发展动力,可是教师在数学课程中的教学组织架构与这种创新、发展的实际进程却不免背道而驰.

曾经有人对我国两百名中小学数学教师以及大学数学系的研究生做了一个调查,问:"当你看到'数学'这一个词时,你首先想到的是什么?"结果有76%的人回答想到的是计算、公式、法则、证明;20%的人回答想到的是烦、枯燥、没意思、成绩不及格;4%的人回答想到的是数学使人聪明、有趣、有用.传统教学体制不能契合现今大学数学中素质教育的要求,教学形式过于单一化、抽象化.教师局限于指导性决定,把自己对教材的理解以及教学任务的分析和确定,通过"课堂"这个场所"强加"给学生.对于科创素养培养来说,学生失去创造和检验理论的机会,无法有效地维持和产生新想法,逐渐丢失受教育者的主体地位,使得学习的自主性和创造性得不到充分地发挥.

半个多世纪以来,由于数学科学与计算机技术的紧密结合,形成了一种普遍的、可以实现的关键技术——数学技术."高技术本质上是一种数学技术"的提法已经越来越多地得到人们的认可,建模与算法正在成为数学这门基础学科从科学向技术转化的主要途径.与此同时,时代发展和科技进步的大潮推动数学科学以空前的深度和广度向金融、生物、医学、环境、人口、地质等领域渗透,一些交叉学科如计量经济学、应用统计学、生物数学、数学地质、人口控制论等应运而生,为数学建模开拓了更加广阔的用武之地.社会对数学的需求,不仅需要专门从事数学研究的人,也需要大量能够懂得实际操作、运用数学专业知识来解决实际问题并能取得一定经济效益和社会效益的人.通常把一个实际问题转化为一个数学问题就称为数学建模,这个数学问题就是建立的模型,叫作数学模型.中国大学生数学建模竞赛(CUMCM)最初创办于 1992 年,由国家教委高教司和中国工业与应用数学学会共同举办,目的在于增强学生学习数学的兴趣,提高学生运用数学知识和计算机技术解决实际问题的综合能力.该竞赛目前已成为全国高等院校规模最大的基础性学科竞赛.

将数学建模融入大学教育改革,建立素质教育与数学教学的连通纽带,通过数学建模重现科学研究全过程,并与学生生活环境进行高效、有机地结合,让学生亲身体会将数学领域的专业知识运用于现实生活,参与发掘和创新的过程,得到在传统课堂里和书本上无法获得的亲身经历和切身体会,在技能、知识以及个人素质等方面迅速成长.在我国的高等教育体系中,大学数学是许多理工科专业的重要公共基础课之一,相应的数学教学在高等院校中也发挥着重要作用.但多年来,我国数学教育存在着重传授知识而轻数学实践的普遍现象.当前,随着硬件设备与信息技术的快速发展,数学研究也取得了迅猛的发展,数学建模是数学学科深入其他领域的重要媒介之一.大学生对数学建模的认识主要是从参加各种数学建模竞赛活动中获取的,而以全国大学生数学建模竞赛为中枢,所开展的各种类型的数学建模竞赛培训也迅速风靡全国,成为大学生积极参与的课后科技活动之一.由于全国大学生数学建模竞赛的带动,近些年各省、市高等院校也纷纷组织了各式各样的数学建模竞赛.这些竞赛极大地带动了学生参与数学建模的积极性.

数学建模竞赛一般具有以下三个特点:

(1)参赛形式固定(三人组成一个参赛队,三天时间内共同完成一道题目,开卷比赛);

(2)竞赛的题目更加注重实际应用,都是来自实际问题或者具有强烈的实际背景,没有固定的范围,可能涉及社会的各行各业,并且没有唯一的答案;

(3)参赛队员需要在有限的时间内将自己的结论以论文的形式提交,而且有些题目还要求用简洁明了的语言把建模过程及结果对公众进行讲解.

数学建模竞赛是集数学、计算机等多学科于一体的综合测试.因此开展数学建模活动对于培养学生的数学素质、创新能力及运用数学知识解决实际问题的能力等方面具有深远的影响意义.

数学建模竞赛旨在以数学建模为主线,培养学生的创新精神及合作意识,同时有意将数学建模向实际的生产力方向推广,真正体现数学建模的魅力,更好地促进数学建模发展,给广大数学爱好者提供一个锻炼交流的平台,鼓励广大学生踊跃参加课外科技活动,从容地面对大数据时代的到来.

吉林师范大学从 2002 年开始广泛动员学生参加各级各类数学建模竞赛,累计参加了十余届吉林省大学生数学建模竞赛和全国大学生数学建模竞赛,其中参加吉林省大学生数学建模竞赛的学生累计达五千余人次，参加全国大学生数学建模竞赛的学生累计达两千余人次，学生专业覆盖数学学院、计算机学院、信息技术学院、物理学院、化学学院、生命科学学院、旅游与地理科学学院、环境科学与工程学院、经法学院、管理学院等．吉林师范大学聘请吉林大学、长春工业大学、长春理工大学、吉林财经大学、辽宁大学、内蒙古民族大学、北华大学、通化师范学院等学校的专家为竞赛选手做培训和指导；同时，积极与国际工业与应用数学联合会、中国工业与应用数学学会、吉林省工业与应用数学学会等学会的专家联系，指导学校数学建模竞赛工作．

吉林师范大学开展数学建模竞赛工作的思路如下：

1. 组织与管理

数学建模竞赛由数学学院负责组织与协调调度工作，组织全校数学建模的赛事培训及竞赛相关工作．

2. 政策与措施

（1）为让学生增加对数学建模的感官认知，初步掌握一些根本的建模原理、建模技巧以及数学软件的操作，提高学生对数学知识的综合归纳能力，以及将实际问题变为数学问题的知识转换能力，数学学院开设通识选修课"数学模型""数学应用软件"．

（2）依托数学学院，加强数学建模实验室建设，用于数学建模团队的训练与比赛．

（3）学生的参赛报名费由学校统一支付．对组织单位的奖励、竞赛指导教师的工作量认定、获奖奖励、成果认定，以及对学生的奖励、补助等参照学校文件予以保证．

3. 工作流程

春季学期第 3,4 周宣传→第 5 周招募→4 月初开始培训→4 月中旬建模省赛（吉林省大学生数学建模竞赛）报名→4 月末参加建模省赛→5 月根据省赛成绩选拔建模国赛（高教社杯全国大学生数学建模竞赛）选手、组队→6 月末培训结束→7 月建模国赛官网报名→暑期组织数学建模夏令营→9 月初或中旬参加建模国赛→11 月末至 12 月初公布国赛获奖名单、选拔美赛（美国大学生数学建模竞赛）选手、组队→寒假美赛培训→次年 1 月美赛官网报名→次年 1 月末或 2 月初参加美赛→次年 4 月公布美赛成绩．

二、设计实施

1. 加强数学素养与创新精神的培养

数学素养是什么呢？许多专家学者对此进行了深入讨论和研究，参考普通高中数学课程标准可以知道,数学学科核心素养主要包括数学抽象、数学推理、数学模型.在开展实际教学活动中,数学学院通过开设数学建模相关系列课程进一步延拓教师的教学方法及教学手段,培养学生数学抽象、数学推理、数学模型这三方面的数学素养.

数学建模系列课程的特点是以数学建模为中心,辐射计算机、生物、环境、心理甚至古典文学、服装设计、艺术学等学科内容,追求不同学科间的融会贯通,而不是局限于对某一学科做严肃、古板的讲解,从而使课程的教学形式更灵活,思维更开阔,让学生真正地体会到如何运用数学知识并借助物理学、经济学、医学、计算机科学等知识去解决实际问题,给学生带来持续性成长,体会多学科融合的魅力.

在教学中,教师以创新实践课程为载体,灵活融入与数学建模密切相关的教学内容,训练学生逻辑思维,激发学生多学科的学习兴趣.此外,教学过程中时刻注意学生学习进度,把握教学机会,引导学生体会数学建模的思想方法,同时适当引入著名的数学历史人物,让学生了解数学世界的缔造者.通过赏析数学家的人物背景,间接讲授数学定理、定义、公式的思想方法,从而达到多领域、多角度发展学生数学素养的目的.

工科数学教育最显著的问题是"形式化",这主要是因为数学工具性特点所致.为了让学生"短平快"地掌握数学知识,教师教学过于纠结公式、计算,而不注重数学教育"视觉化".工科数学教学应该在"专"的基础上"博",要让学生知道如何将自己的猜想和整个数学相互作用,促使学生更深入地了解数学.

科技创新能力是推动综合国力发展的关键因素,数学素养是科技创新的基础.在培养学生数学素养的同时还要激发学生在科学技术领域的创新意识.以讲授数学建模培训课程为例,教师主要从以下三个方面出发:

首先,采用启发式教学.在第二课堂活动内容具有广泛性特点的影响下,教师采用启发式教学时不受教学计划以及时间和空间的限制,不仅能在课堂中传授专业知识,而且可以利用课余时间进行课堂教学的补充.例如,通过读书活动、讨论会、写读书笔记等活动达到开阔学生视野,提高阅读能力的目的;通过科技兴趣小组活动培养学生的科技创新能力,激发学生的科技兴趣;通过文学艺术活动丰富学生的课余文化生活,陶冶学生的情操,培养学生的艺术欣赏和创造能力等,让学生获得更多的新知识、新技术、新信息,从而拓展学生的视野,扩大其知识面,为课堂内的学习提供智力和知识背景,以提高课堂学习的效率.

其次,实现数字课堂.数字课堂即数字化的课程环境,是指利用多媒体、网络技术将学校的课程资源数字化,并实现数字化的教学方式及沟通方式.这种通过网络同步进行"现场"学习的方式,将会给学生的"学"和教师的"教"带来巨大的改变.从学的角度来说,课本上已有的知识将会通过线上视频的形式呈现,学生自主学习、讨论.传统意义上的课堂依然存在,但学生在课堂上将不再以学习知识为主,而是以拓宽视野、激发兴趣、发展个性为主.课堂的学习活动主要以讨论、交流的形式开展,学生在观看视频之后提出问题,展开讨论和思辨,在各种理论观念的思想碰撞中,获得对课本知识的全新理解.从教的角度来说,教学资源不再仅限于学生所在的学校,而是通过互联网,由学生选择校内外最适合自身的教师的课堂视频进行自主学习和自助学习.但这也使得高等院校教师的教学压力和备课内容更加繁重,因为教师不仅要和学生同步去观看和研究此类视频课程,还要寻找合适的、观点碰撞的切入点,在数字课堂的环境下,帮助学生建立认知数学的体系框架.

最后,提高课程参与度.每个学生都是独立的个体,兴趣爱好各有不同,知识水平和生活经验也有所差异,因此第二课堂活动的内容和形式也应有所不同.要考虑到学生的个别差异,让学生们能够自由选择、自愿参加适合于自身的活动.但是,无论哪种形式的活动、课程,都要保证学生足够的参与度,没有较高的参与热情,就难以获得理想的教学成果.教师要针对每一位学生的成长特点、兴趣需要提供经数字化处理的多样化、可选择的学习资料和学习对象,保证每一位学生都具备建构知识、创新实践、解决问题的基本能力.

2. 加强创新实践系列课程的建设

经过历年数学建模竞赛活动经验的总结,教学团队认识到"数学实验""数学软件"等创新实践系列课程的教学是完善学生知识结构、提高创新能力的重要基础性工作.因此,吉林师范大学数学学院决定在教学培养计划中增开"数学实验""数学软件"以及"数学建模"等与创新实践相关的课程."数学实验"课程,将数学知识和实际问题进行恰当结合,训练学生多维度的思考方式,激发学生学习多方面知识的兴趣,调节学生的数学认知策略.在"数学建模"课程中,将模型设计进行模块化教学,由易到难,由浅入深,层层递进.同时,教学中注重教学方式,建立"改灌输为引导,改接受为参与"的教学思想,建立工具性知识体系."数学软件"课程主要是通过在真实教学中的案例分析,形成问题.让学生通过多种形式讨论分析,教师以此为基础开展 C++、Java、Python、R 语言等编程语言的教学,通过多种问题情境下的实际应用让学生体会到数学软件的巨大作用,从而引发学生对数学软件的自主学习.

3. 加强团队协作精神的培养

数学建模竞赛的一个重要特点是以三人组队进行比赛,参赛队员需要分工协作、默契配合、优势互补、换位思考才能取得优异的成绩.一般教师要提示队员做到以下三个方面:第一,充分认识到队员之间是合作关系,把自己摆在适当位置,让自己投身到团队协作中去,具备团队归属感.第二,提倡队员之间积极讨论,及时反馈不同意见.只有不同观点的充分讨论,才会迸发出创新的火花.通过总结不同角度对问题的求解思路,队员对问题可以形成比较全面的认识.第三,团队内各成员合理分工,真正做到"才尽其用",确保每个人有明确的任务与责任,以提高团队的战斗力.

4. 加强语言表达能力的培养

通过数学建模实践活动,教师和学生能够深刻地体会到,语言表达能力是目前学生参赛比较薄弱的一个环节.根据以往参赛经验来看,有一些参赛作品的解题方法正确和思路非常好,但在论文的语言表达上却词不达意或用语不准,以致不能取得理想的比赛成绩.如何加强参赛学生语言表达能力的培养是教学设计的一个重要环节.培训团队在培训过程中应强调以下几个方面:第一,论述有逻辑.许多队员思路新颖,勇于探索,经常提出令人耳目一新的解题思路,但作品展示时却语言逻辑混乱,前后脱节,常常让阅卷人满头雾水.第二,数学语言表述要客观、严谨、准确.在作品中遣词造句应当斟酌,不能自行杜撰,随意构造.第三,使用语言要简洁.尽量用简洁、明确的话把问题表述清楚,保证论文干净整洁、条理清晰,让阅卷人一目了然.

5. 在全校范围内鼓励和组织学生参加大学生数学建模竞赛活动

为了培养学生的科学素质和文化素养,充分挖掘学生各方面的潜能,吉林师范大学在校园里广泛开展第二课堂系列活动,数学学院积极鼓励和组织各专业学生参加校级、省级和国家级的大学生数学建模竞赛,使得学生在参赛过程中能够提高自我学习和独立思考的能力,提升数学文化素养,建立创新意识.

大学生数学建模竞赛的具体内容主要包括如下几个方面:

(1) 参赛对象:凡具有本校正式学籍的本科生均可参加,经专项培训后正式组队.鼓励学生跨专业组队.

(2) 参赛方式:以队为单位参赛,每队三人,队员的专业不限,均为本科生,研究生不得参加;每队可设一名指导教师(或一个教师组),从事赛前辅导和参赛的组织工作,但在竞赛期间必须回避参赛队员,不得进行指导或参与讨论.

(3) 宣传方式:每年春季学期开学后第三周,采用数学建模表彰大会、条幅、海报以及数学学院全体教师在专业数学和公共数学课堂上进行宣传等方式覆盖学校所有专业.

(4) 基本知识要求:学生一般应修完"高等数学""线性代数"或同等性质的课程.最好具有概率统计或最优化方法的初步知识以及基本的计算机程序设计能力.

(5) 报名要求:各学院于春季学期开学后第五周确定本学院参赛学生情况,

由数学学院统一培训、分组.

（6）训练计划：依托学校优秀的教学资源,数学学院于春季学期开学后第六周组织所有报名学生接受规范的实践课程指导,并针对上一年赛事进行总结及分析,让学生了解大学生数学建模竞赛流程.4～8月由聘请的校外专家做专题讲座.校内指导教师进行针对性辅导,开展为期4个月的校内集训（附详细培训日程）.集训结束后,所有学生参加吉林省大学生数学建模竞赛暨国赛选手选拔赛,在省赛中取得省级三等奖以上的学生有资格参加当年建模国赛（在国赛中取得省级二等奖以上成绩的选手有资格参加下一年美赛）.暑期进行为期十天的数学建模夏令营活动,包括程序算法培训及数学建模模拟竞赛.寒假进行为期两周的美国大学生数学建模竞赛培训与报名活动,培训内容主要包括英文写作、算法培训、程序设计.培训过程中由数学建模专业教师进行授课,同时配套使用优秀的数学建模教材,帮助学生解决具有其专业背景的实际问题,将数学建模思想方法根植到学生所学专业领域,全面创造学生数学能力价值.

三、实施效果

吉林师范大学数学学院学生参与各类大学生数学建模竞赛所获奖项如表4-1～4-3所示.

表 4-1　吉林师范大学学生于吉林省大学生数学建模竞赛获奖情况

奖项	年份				
	2015	2016	2017	2018	2019
省一	0	1	1	1	0
省二	1	2	4	7	6
省三	2	4	5	14	5

* 数据来源于吉林省大学生数学建模竞赛.

表 4-2　吉林师范大学学生于全国大学生数学建模竞赛获奖情况

奖项	年份				
	2015	2016	2017	2018	2019
国二	3	3	1	1	1
省一	4	5	3	10	3
省二	12	15	9	4	5
省三	3	3	8	6	5

* 数据来源于全国大学生数学建模竞赛.

表 4-3　2019 年吉林师范大学学生于美国大学生数学建模竞赛获奖情况

奖项	数量
国二（H）	2
国三（S）	3

＊数据来源于美国大学生数学建模竞赛．

数学学院提出的竞赛口号"一次参赛，终生受益"，是许多参赛学生的共同感受．大学生数学建模竞赛是大学阶段除毕业设计外难得的一次"真刀真枪"的专业训练，让学生提出问题，而不是教师提出问题；让学生给出解答，而非由教师给出解答，并且它在一定程度上模拟了学生毕业后工作时的情况．比赛要求参赛队在短短的三天时间内对所给的问题提出一个较为完整的解决方案，只有三人通力合作，才能顺利得出一个较好的结果，并给出一份优秀的解决方案．

"认识从实践始，经过实践得到了理论的认识，还须再回到实践中去．"大学生数学建模竞赛活动是在实际问题与数学知识间搭起的一座桥梁，既体现了数学学习的开放性与发展性，又体现了数学研究性学习的本质和目标．大学生数学建模竞赛可以增强数学学习的趣味性、有效性，训练学生的解题思想、归纳思想、学科综合思想等．最重要的是，大学生数学建模竞赛活动培养学生利用所学知识去解决实际问题的能力，不仅让学生认识到数学这门学科的独特性，而且感受到它与其他学科的共性，从而极大地提高学生的创新意识和创新能力．因此，大学生数学建模竞赛活动是学生数学学习的有益补充和拓展．这些活动经历会为学生以后的职业生涯打下坚实的基础，具有深远的影响意义和可持续发展的动力．

第二节　以数学文化节为主题的第二课堂
活动设计与实施

一、整体设计

数学文化是一种承载数学精神的先进文化，是数学历史、现在、未来的纵横交融．数学素养是学生在数学学习中科学主义与人文主义互相融合形成的个人素养，是衡量国民素质的一个重要指标，这种素养是全面发展和推动国家可持续发展的重要因素．

数学是人类文化的重要组成部分，数学素养是现代社会每一个公民所必备的基本素养．自改革开放以来，数学文化迅速传播推广．关于建设数学文化、提高数学素养的书籍、杂志、期刊引起越来越多的社会关注.国内外知名学者和教育工作者积极推广数学文化研究,众多高等院校逐渐开设"数学文化"课程,甚至部分地区的中学也相应地增加了数学文化的教学内容.各界教育工作者对数学文化的教育价值、研究价值给予了高度认可.高等院校学生对于数学文化有不同层次的认识和各阶段的学习目的.大部分学生认为数学是科学技术的核心学科,但在传统课堂上还是把数学当成一种工具性知识进行学习.数学文化节举办的直接动机就是想打破学生对数学的这种误解.吉林师范大学数学学院举办数学文化节系列活动,旨在利用第二课堂办好学生科创素养培育(图4-1).

图 4-1　数学文化节主题宣传海报

二、设计实施

吉林师范大学数学文化节中将数学文化展作为活动主体,以数学史、数学问题、数学理论为载体,多方面、多角度、多维化讲解数学思想、数学方法、数学精神,为数学爱好者提供一个全方位了解数学的平台,使学生对数学文化有更深的理解,促进良好学风的形成.数学文化系列活动共设计了10个主题模块,分别是数学文化展、数学游戏、演讲大赛、诗歌朗诵大赛、数学手工展、学生讲堂、讲课大赛、学科知识竞赛、专家讲坛和文艺汇演.主题模块的各项活动贯穿学生的学习与生活文娱,并且系列活动充满整个学期,使学生完全处在文化节的氛围中,起到文化育人的作用.

1. 数学文化展

数学文化展以"万物皆数·数语近人"为主题,静态展览采用挂画以及各种生活模型的形式,将数学文化在生活万物中的价值体现出来,让观看者能够直观具体地了解数学文化;动态展览以精心准备的魔方表演的形式呈现在大家的眼前.静态展览中的大部分挂画,是由数学学院各年级学生结合自身对数学文化的理解和心得体会,以数学知识与其他学科的联系为主题,设计提供的一系列名为"数学与……"的挂画,这些挂画由数学学院数学文化协会进行最终筛选,择优展出.

通过文化展,学生更加全面深刻地认识到数学的魅力.数学挂画致力于推广数学文化、宣传数学历史、营造数学氛围,引导学生从日常生活认识并热爱数学文化知识,从而提升学生通过理论联系实际,从现实中发现和抽象数学问题、运用数学知识解决问题的能力.活动的开展不仅让数学爱好者学习到知识,而且在一定程度上更广泛地宣传了数学的魅力.

图 4-2　优秀挂画展出

2. 数学游戏

游戏是几乎所有人都喜爱的活动,在文化节中可以设计安排多种有关数学的游戏活动,让学生参与其中,体会数学的魅力.例如,"多米诺骨牌"活动,漫长的历史发展过程,赋予了多米诺骨牌与其他数学模型不同的教育功能.在数学游戏中,各专业学生广泛参与,面对失败不放弃,最终走向成功.活动中学生曾经用八百余块多米诺骨牌摆成"不忘初心"的字样,展现了吉林师范大学数学学院学生对努力弘扬数学文化精神的决心.

3. 演讲大赛

演讲是大学生需要学习的重要技能.初入大学时,学生普遍缺乏当众表达的技巧和能力,在大学学习期间需要对其进行培养.在数学文化节中设计这样一个环节或者比赛,让学生以数学故事、数学家传记、数学感言等相关主题开展演讲活动.通过演讲能够增强学生语言表达的能力,同时也提高学生对数学的了解.

4. 诗歌朗诵大赛

举办诗歌朗诵大赛是为了丰富学生的校园生活,提高学生个人素质,搭建学生展示青春风采的平台.诗歌朗诵大赛以铿锵的语调、优美的词句为数学文化节渲染了气氛.

诗歌朗诵大赛可以达到增强爱国意识和激发广大学子树立高尚学风的目的.在筹划准备和实施的过程中,有助于培养学生团体同心同德的团队精神;庆祝取得成功的同时,将会非常有助于提高学生的团队荣誉感和自信心.在浪漫主义情怀的激荡下,朗诵活动将会进一步激发青年学生投身社会、报效祖国的爱国主义热情!

5. 数学手工展

学生自己动手制作与数学文化紧密结合的手工作品(图4-3),可以培养其立体思维与空间设计能力;通过设计、选材、剪裁、拼接等过程,学生可以感悟艺术的魅力,进而提高其思维的艺术性.将手工制作与学生的生活、学习互相融合,形成学生自我发现、自我顿悟、自我控制的习惯.通过感官机能的协调作用,让学生感受到数学的创意空间是无止境的,产生强烈的学习和创作欲望.

图4-3　部分优秀手工作品

图4-4　老师正在讲解如何拆拼鲁班锁

鲁班锁也叫八卦锁、孔明锁,代表了一种"工匠精神",而数学人正需要传承历史悠久的工匠精神.鲁班锁的设计与拆解从更多角度展现了数学的文化价值、科研价值和审美价值.鲁班锁起源于中国古代建筑中首创的榫卯结构,其外观看是严丝合缝的十字立方体.它虽然没有涉及高深的数学理论,但与初等数学有紧密的联系.例如,在鲁班锁的研究中大量应用到排列组合的概念,但这些排列组合的概念与高中数学课本中排列组合的概念并不完全相同,在拆拼鲁班锁的过程中将排列组合的概念拓展到了三维空间,提高了学生的空间想象能力.而且,在计算一个系列的鲁班锁有多少种不同的结构时也可以运用排列组合的概念.拆拼鲁班锁的过程大大激发了学生的动手操作及独立钻研能力,这种通过与高中数学知识进行联系的教学方式,培养了学生日后成为一名高素质中学数学教师在教学设计、教学内容等板块中的科创精神.

6. 学生讲堂

学生讲堂是以学生为主角,让学生开展演讲、讲座、报告的方式,起到朋辈引导的作用.学生讲堂以数学学院优秀学生分享经验的形式促使学生主动思考,主动学习,丰富知识,提高修养,形成积极向上、奋勇争先的学习氛围.在讲堂中学生将主要介绍数学学习的方法、如何开展教学训练、如何提高自己的创新意识、怎么提高教师教育能力等内容.此项活动将对学生起到积极的价值引领、方向引领、技能引领、成长引领、经验引领等作用.无论是专业学习经验的分享还是参与活动的情感分享都体现出了数学学子的情怀与担当,对于学生理解数学将有很大帮助.

7. 讲课大赛

讲课大赛是师范生培养的特色,也是师范生培养成效的一种展示平台.在讲课中能够锻炼学生自身的教学能力,也能够促进学生提高创新意识,开展针对数学课堂教学的创新研究和思考.讲课大赛能够提高学生基本教学技能,比如教学不要单从数学角度出发,要从多学科、多角度考虑,全方位提高教育教学质量和水平;组织教学、复习引课、讲授新课等过程要充分体现出来,从教学目标、教学方法、教学格式、板书设计等多方面深入了解.

8. 学科知识竞赛

学科知识永远是大学生学习的基础,无论哪一个专业的学生都必须以自身掌握的专业知识为前提.通过设置学科知识竞赛可以提高学生的学习热情,能够丰富学生的课余生活.更重要的是,在这个活动中学生能够意识到自身学习面需要不断拓宽,专业知识需要不断进步.在针对数学专业学生开展的学科知识竞赛中,不仅要有纯粹数学的知识内容,还要涉及大量的数学历史、数学文化等知识,拓宽学生数学认知面.让学生充分领会数学文化的魅力,扎实学习数学学科知识,这对学生高中数学和大学数学的学习衔接会起到重要推进作用.

9. 专家讲座

在文化节活动中可以设置专家讲座,邀请相关专家针对大学生开展主题报告,报告以数学文化为主题开展.通过专业讲座能够进一步提高学生对数学的理解,对数学文化的理解,提高学生的学习兴趣,有利于学生深入地开展数学学习.同时,通过专家介绍数学的相关研究前沿,也能够激发学生的学习热情,了解数学前沿创新,进一步提高学生的创新能力.

10. 文艺汇演

文化节作为一场以学生为主的活动,特别是针对大学生的活动,可以设置文艺演出模块.文艺演出能够增强学生在活动组织、才艺表演等方面的能力,同时能够吸引更多学生加入数学文化节活动中来,丰富了课余生活,使学生对数学文化节活动留下深刻印象.

三、实施效果

数学文化节开展的各个活动与数学学科内容进行有机结合,设有数学文化展、数学手工展、讲课大赛等展览、竞赛活动.这些活动既能体现动手、动脑的智慧,又蕴含着科学道理和人文特点,非常符合师范生人才的培养设计.

科创素养培育应融合在宏观教育理念、培养目标与具体教育教学实践的各个环节中,是实现师范生全面发展根本任务的重要手段.通过数学文化节活动,对学生的文化基础、综合素质、实践能力进行阶段性培养,凝练出爱国创新、科学实践、乐观向上、积极进取、责任担当等五大素养.对培养既有广博文化知识,又有突出专业能力,还有创新精神和理性思维的可持续发展型人才十分有益.

第五章　师范生科创素养养成意义下 中学数学教学设计案例

　　数学是一切科学的得力助手和工具,它有时因为其他科学的需求而发展,有时也超前发展.任何一门科学的发展若离开了数学,就不能准确地刻画客观事物变化的状态,更不能从已知推出未知,因而也就削弱了科学预见的可能性和精确度.如果没有数学对其他科学的渗透,也就不能使人类的认知真正上升为理性.数学可以说是连接一切科学与技术的纽带,它过去、现在和将来都对其他学科产生有力而深远的影响.随着科学技术的进步,这种影响将更加明显.

　　近几十年来,数学的应用不仅在它的传统领域发挥着越来越重要的作用,而且不断地向一些新的领域渗透,形成许多交叉学科,如计量经济学、人口控制论、生物数学、地质数学等等.在解决生产、生活中的实际问题方面,数学也仍然发挥着不可替代的作用.不论是用数学方法解决实际问题,还是与其他学科相结合形成交叉学科,首要的和关键的一步是用数学的语言表述所研究的对象,即建立数学模型,特别是在计算机技术迅速发展的今天,计算和数学建模已成为数学科学向技术转化的主要途径.教育必须反映社会的实际需要,数学建模进入大学课堂,既顺应时代发展的潮流,也符合教育改革的要求.对于数学教育而言,既应该让学生掌握准确、快捷的计算方法和严密的逻辑推理,也需要培养学生用数学工具分析、解决实际问题的意识和能力.传统的数学教学体系和内容无疑偏重于前者,开设数学建模方面的课程尤其在中学阶段则是加强后者的一种尝试.

第一节　中学数学中的科技元素

一、现代科技与数学的发展融合

　　进入 20 世纪以后,数学逐步形成用公理化体系和结构观念统一的许多学科分支,如泛函分析、点集拓扑、抽象代数、计算数学和概率论等.另一方面,应用数学的迅猛发展,如信息论、控制论、系统论、线性规划、规范场、生物数学、数理统计学和计量经济学等,极大地影响着科技、社会和人们的日常生活.现代数学的研究对象已发展为一般的集合、各种空间和流形,它们都能用集合和映射的概念统一起来.随着数学的广泛应用,社会的数学化程度日益提高.不仅初等数学语言和高等数学语言越来越多地渗入现代社会生活的各个方面和各种信息系统中,而且诸如算子、泛函、空间、拓扑、张量、流形等现代数学概念也已大量地出现在技术文献中,日渐成为现代科学的必要语言.

如果暂时将数学从科学学科的集合中抽离出来,再比较两者的发展历史,可明显看出,两者之间的发展是紧密相连的,甚至可以认为它们是"同一过程的两个方面".数学为科学提供了进行定量分析和计算的方法,同时数学的严密逻辑性又成为科学的逻辑工具,保证了科学研究的可靠性.数学研究的成果是很多重大科学创造发明(如相对论、量子力学、电磁理论、流体力学、计算机、信息论、控制论、现代经济学、人工智能等)的催生素.反过来,科学是数学高度抽象内容的解释和模型,为数学提供了广阔的天地,使数学有应用、开拓发展的空间.此外,科学技术领域的新问题不断挑战着数学,为数学的发展和进步提供了动力和源泉.例如,对数来源于天文测量和计算;变分法来源于最速降线问题的研究;傅立叶级数来源于弦振动、热传导等问题的研究;控制论来源于战争中火力的控制.

21世纪以来,"高技术本质上是一种数学技术"的观点已得到人们的普遍认同,这一观点道出了高技术与现代数学问题的内在联系.高技术的研究离不开计算机,而有效地运用计算机则离不开现代数学的研究.运用数学方法定量决策,也成了当今决策和管理科学的主流.可见,与高技术和计算机相结合的前沿数学已在技术突破和社会科学研究中纵横渗透.

二、中学数学课程渗透现代科技元素

知识经济的时代,科学技术的发展在高度分化的基础上正逐步走向高度综合,学科之间的联系日益紧密,相互交叉融合日益加剧.同时,科学技术的作用不断增强,渗入社会生活的各个方面.人们面临的很多社会问题,都需要综合运用多门学科知识加以解决.正是在这一时代背景下,伴随着教育价值取向的转变,以往只强调分化而忽视综合的局面逐渐被改变.从21世纪开始,西方发达国家率先掀起了综合课程的研究与实践,使综合课程得到了迅速发展.特别是数学和科学的整合成为了综合课程研究的重点.

科学技术迅猛发展中对数学越来越多、越来越急迫的需求深刻地影响着数学教育.许多教育者认识到,数学课程不能仅仅局限在数学知识的内部逻辑关系,而是应该加强与其他学科的联系,特别是和其他科学课程的相互渗透与融合.以美国为例,美国数学学会、全美数学教师理事会、美国科学促进会、美国国家科学研究委员会这些组织都强烈支持在学校教育中将数学和其他科学课程整合发展.在国内,我国颁布的《义务教育数学课程标准(2011年版)》中也指出:数学作为对于客观现象抽象概括而逐渐形成的科学语言与工具,不仅是自然科学和技术科学的基础,而且在人文科学与社会科学中发挥着越来越大的作用. 由此可见,关注数学与其他学科的联系已经成为数学教育的重要内容.

在中学数学内容的选取上,除了考虑到学生已经具有的数学知识、学生的心理特点和思维能力发展状况,还需考虑社会对公民数学素养的要求,这包括进一步学习所需的数学知识和方法,以及在社会生活和工作中需要具备的一些基本的数学素养,而不应该仅从数学自身发展的特点、内容和方法出发,但是数学前沿所表现出来的基本的思想、方法和由此产生的文化价值和教育价值应该包含在中学数学教学内容里. 纵观九年义务教育数学课程标准和普通高中数学课程标准的理念和内容,我们发现一些反映现代数学基本思想、方法和文化价值的教学内容已经进入了中学数学课堂. 主要包括以下内容.

1. 统计与概率的设计与安排

在《义务教育数学课程标准(2011 年版)》中对统计与概率内容做了如下要求:"经历收集、整理、描述和分析数据的活动,了解数据处理的过程;能用计算器处理较为复杂的数据. 体会抽样的必要性,通过实例了解简单随机抽样. 会制作扇形统计图,能用统计图直观、有效地描述数据. 理解平均数的意义,能计算中位数、众数、加权平均数,了解它们是数据集中趋势的描述. 体会刻画数据离散程度的意义,会计算简单数据的方差. 通过实例,了解频数和频数分布的意义,能画频数直方图,能利用频数直方图解释数据中蕴含的信息. 体会样本与总体关系,知道可以通过样本平均数、样本方差推断总体平均数、总体方差. 能解释统计结果,根据结果做出简单的判断和预测,并能进行交流. 通过表格、折线图、趋势图等,感受随机现象的变化趋势. 能通过列表、画树状图等方法列出简单随机事件所有可能的结果,以及指定事件发生的所有可能结果,了解事件的概率. 知道通过大量地重复试验,可以用频率来估计概率."这些较为明确的要求将为学生在高中阶段的进一步学习打下坚实的基础.

在《普通高中数学课程标准(2017 年版)》中进一步明确指出:"概率的研究对象是随机现象,为人们从不确定性的角度认识客观世界提供重要的思维模式和解决问题的方法. 统计的研究对象是数据,核心是数据分析. 概率为统计的发展提供理论基础."同时,在高中统计与概率内容的教学中也给出具体建议,希望能够鼓励学生尽可能运用计算器、计算机进行模拟活动,处理数据,更好地体会概率的意义和统计的思想. 例如,利用计算器产生随机数来模拟掷硬币试验,利用计算机来计算样本量较大的数据的样本均值、样本方差等.

从上述数学课程标准的内容可以看出,无论是义务教育和普通高中教育,都削弱了古典概率等的计算和推断,强化了数据处理和统计推断,更强调随机试验、借用计算机来处理数据等方面的内容.

2. 现代数学思想和数学文化的设计和安排

一些反映现代数学基本思想方法和应用的内容已进入高中数学课程标准里.高中数学课程标准要求把数学探究、数学建模的思想以不同的形式渗透各模块和专题内容,并在高中阶段至少安排较为完整的一次数学探究、一次数学建模活动;要求把数学文化内容与各模块的内容有机结合.编写教材时,应把数学探究、数学建模和数学文化等这些新的学习活动恰当地穿插安排在有关教学内容中,并注意提供相关的推荐课题、背景材料和示范案例,帮助学生设计自己的学习活动,完成课题作业或专题总结报告;采取多种形式将数学的文化价值渗透各部分内容,如与具体数学内容相结合或单独设置栏目做专题介绍,也可以列出课外阅读的参考书目及相关资料,以便学生自己查阅、收集整理.比如,可以通过对欧几里得《几何原本》的介绍,引导学生体会公理化思想;通过介绍计算机在自动推理领域和数学证明中的作用,让学生了解数学科学与人类社会发展之间的相互作用,体会数学的科学价值、应用价值和文化价值.

第二节　中学数学教学中渗透科创素养培育的理论分析与实施策略

一、中学数学教学中渗透科创素养培育的理论分析

1. 数学课程应把培育学生的科创素养作为基本目标

科学能力一般包括观察能力、实验能力和科学思维能力,其中科学思维能力是科学能力的核心.科学思维能力中一个重要的方面就是数学能力.科学智力活动离不开测量科学数据,抽象科学模型.而数学中的各种"结构"是科学模型赖以建立的理论依据之一;对科学现象的本质认识一般也离不开数学思想方法的应用,科学事实和规律的表述如果没有数学语言的参与也会流于肤浅.因此,科学能力的培养不单纯与科学教育有关,也与数学教育休戚相关,在数学教育中培养学生的科学能力理应得到强调和重视.基础教育阶段数学教育的根本目的不在于培养从事专门数学研究的理论家,所以教学素材的选取不能是纯而又纯的完全形式化的数学内容,而是与社会、生产和生活相联系的更加丰富的内容,这里当然应该包括大量的与数学有天然联系的"科学问题".将科学问题融入数学教育不仅使学生获取数学知识,受到数学精神、数学思想和方法的熏陶,而且也能够为数学课程的学习提供丰富的学习情境和素材,避免数学学习过程中过度形

式化.科学问题可以为抽象的数学概念、定理、思想提供具体的实例,使抽象的数学内容与丰富的科学背景建立有机的联系,避免碎片化的知识经验,给学生带来有意义的学习体验,可帮助学生提高对数学概念的理解.科学问题与数学整合可以传播科学教育,有利于对科学技术数学化思想的理解,同时可以突出数学的应用价值和工具价值,丰富学生的科学知识,增强科学观念和科学意识,培养科学态度.数学教育与科学教育相互配合、相互协调和相互促进,有利于学生综合素质的培养和提高.

2. 科创素养的发展是数学内容不断完善的源泉

科技研究注重实验,同时注重定量分析.由于科技研究需要精确的测量和计算,需要建立起严格精确的数量关系,当已有的数学工具不能满足它时,科技研究本身就会成为产生新的数学理论的土壤.一些数学概念、原理和定律就是直接从科技研究的沃土上发芽成长起来的,牛顿创立的微积分方法就是一个典型的例子;物理学中场论的研究促进了偏微分方程理论的发展;分子理论的研究和整个统计物理学推动了概率论,特别是随机过程理论的发展;物理对象中揭示出的多种多样的对称性,促进了群论的研究;当狄拉克写下狄拉克方程时,它最初完全没有被数学家所注意,而今天狄拉克流形已变成数学家研究的一个新课题.1970年末,道德夫等人在研究量子散射反演过程时,深入讨论了杨-巴克斯特方程,大大发展了这一理论,并提出了量子群的概念.量子群是霍夫代数的一种,是半个多世纪以前就有的,其发展一直停滞不前,但在被发现与物理学的联系后,它就显示出强大的生命力,并迅速发展起来.这种事例还有许多,而且还在不断产生.回顾科学的发展历程,不难发现,科学的每一次飞跃发展都伴随着新的数学知识的出现与介入.

在运用数学工具研究具体问题时,可能会暴露出数学理论自身的矛盾,可能会出现一些现有的数学理论解决不了的难题等,这些都会促进数学的完善、发展和提高.例如,数学中 δ 函数的出现对原有传统的函数概念可谓"大逆不道",按传统函数观念来考查, δ 函数没有存在的理由,但是 δ 函数在量子力学中成功地应用,证明了它与事实相符合,使人们不得不反过来拓广函数的概念,发展出广义函数论的内容.正如当代法国数学家弗雷协所说:"数学,在由现实世界出现后,还必然不断的证实它自己的存在,即用实验验证它所达到的预见来证明它对现实的适应."所以数学理论往往要在科学中找出它的现实原型,也依赖于科学进行直接或间接实践验证,数学理论的确立有相当一部分经历了科学验证的过程.

3. 发展数学素养与科创素养能够提升学生的综合素养

数学教学中渗透科学技术元素,使得学习具有综合性、跨越性,融合多学科的内容、思想和方法,为学生提供了多学科知识背景,完善了知识结构,为创造力形成奠定了知识前提,也给学生提供了一种多角度看问题的视角,突破了原来单一角度的模式框架,形成多元化、多向度和综合的学术视野和思维方式.例如,在高中数学课程中学习圆锥曲线的光学性质,教师除了给出数学的证明外,还可以从物理学中的费马原理或利用静力学中重力势能最小原理加以证明或解释.再如,当从生态学中著名的自然生长方程的角度来重新理解自然对数的底 e 的时候,就会发现自然是何等的奇妙与伟大.也许生物学不能像物理学那样为数学的公式与概念找到普遍的相应解释,但生物学至少提供了一种新的认识方法.由此,势必会产生一些富有创造性思维的触点,可以突破数学领域的固有思维模式的框架,使得思路变得发散,实现思维方式的创新和突破,可以使学生能够从一个全新的视角去思考问题,发现事物的内在本质,揭开事物表面复杂性、无序性的神秘面纱,从而产生具有新思想的思维活动.数学的跨学科教学,打破常规的学科疆域,在学科融合、互动和交流中使学生学会比较不同的学科和理论观点,这样能够逐步发展学生的批判性思考能力.

多元智能理论认为,人是具有特殊兴趣和各类智慧的个体,不同的人具有不同的兴趣和才能,而有些兴趣和才能在单一学科的学习中是显示不出来的.如数学与音乐主题内容中"电子琴为什么能模拟不同乐器的声音"涉及音乐中响度、音调、音色等知识;涉及物理中声音是由振动产生的,其振幅决定响度,频率决定音调,各个泛音和基音的强弱比例决定音色等内容;涉及数学中正弦型函数叠加的知识.这样的综合性教学为学生的综合能力发展提供了一个强有力的切入点,使兴趣各异、具有各类智慧特色的学生都能对相关跨学科内容进行深入探究,投入有意义的学习中,发展各自独特的能力,促进他们个性化地发展.而且,跨学科教学不是孤立地关注学生在单一学科中掌握知识的能力,而是要在多学科的融合交叉教学中,建立各学科知识、能力之间的横向联系与整合,从而促进学生全面素质的整体发展.

二、中学数学教学中渗透科创素养培育的实施策略

1. 探寻教材中数学与科技创新的关联性

中学数学课程标准的总目标之一是让学生体会数学与其他学科之间的联系.这是首次将注重数学与其他学科联系的要求明确呈现在中学数学课程标准中,是培养学生关联性思维能力和重视学生综合素质全面发展在课程改革中的体现.在讨论数学与其他学科之间的联系时,尤其不能忽略数学与同属于理科性质的科学之间的关联性及其关联标准.那么什么是数学与科技创新的关联性?数学与科技创新相关联的内容是什么?它的判断标准又有哪些?那么如何理解数学知识的关联性?数学知识与其他知识有关联性的标准是什么?对于如何理解数学知识的关联性问题,日本数学教育家米山国藏曾对其内涵做过简单论述,他认为数学是由简明的事项和逻辑推理构成的,只有学习者按步骤去理解、记住知识点,以备日后之

需,才能理解其全部内容.这一观点从狭义上说明了数学知识自身的前后关联性和逻辑性,但似乎并未将数学的关联性论述完整.因此,法国数学家 Etienne Ghys 的观点可以作为对数学关联性外延的认识.他曾在韩国首尔召开的第 12 届国际数学教育大会上指出:"我们面临着来自复杂世界的挑战,未来的数学教育要重视培养学生建立数学与现实的联系、解决变化万千的现实世界问题的能力,不能就数学论数学."这一观点从广义上说明数学不仅仅需要重视自身学科知识的逻辑体系,还需要注重与生活和其他学科之间的联系,培养学生解决复杂多变的问题的能力.

在这里,关联性主要指的是数学教材中呈现的与科学内容相关的知识.这可以从两个方面进行分析:第一,高中数学教材中四个主题内容或者类似知识点都能够在物理、化学、生物教材中找到,也有部分知识被写成科学阅读材料编入数学教材中,这种数学知识与科学内容的关联性可以看作直接关联.第二,数学教材中呈现的某些数学知识并不是纯粹的数学表达,往往包含了科学情境、科学术语、科学工具等内容,这种以科学为载体进行数学知识表达的关联性可以看作间接渗透.教材中与数学的关联性良好的科学内容的判断有以下三条标准:第一,科学内容具有良好的"知识链",这指的是在数学与科学教材中具有相同教学主题的内容通过某一知识点进行连接的过程,并使数学与科学内容的关联程度更深、范围更广,能从表面知识探索出深刻奥妙,使学生"知其然,更知其所以然",能全面了解知识形成的过程;第二,科学内容具有将"单一思维"转变为"多元思维"的潜力,这指的是数学问题的解决需要以科学的工具或方式、方法为载体,把有关联的科学内容看作一个整体进行分析,并用多元思维解决问题的过程;第三,科学内容具有丰富的科学情境,它通过呈现准确、简洁的科学情境,加深学生对数学知识的理解,让学生学会欣赏科学的美,体会数学和科学的价值.

例如,人民教育出版社《普通高中教科书 数学 必修 第一册》中第三章习题3.3 综合运用部分第 2 题与物理学中的压强相关,可以判断其为直接关联内容.在第三章第一节的"阅读与思考"部分介绍了函数概念的发展历程,涉及了函数概念产生的科学背景.这部分阅读内容可以看作间接关联内容.

 综合运用

2. 在固定压力差(压力差为常数)下,当气体通过圆形管道时,其流量速度率 v(单位: $\mathrm{cm^3/s}$)与管道半径 r(单位: cm)的四次方成正比。

(1) 写出气体流量速率 v 关于管道半径 r 的函数解析式;

(2) 若气体在半径为 3 cm 的管道中,流量速率为 400 $\mathrm{cm^3/s}$,求该气体通过半径为 r 的管道时,其流量速率 v 的表达式;

(3) 已知 (2) 中的气体通过的管道半径为 5 cm,计算该气体的流量速率(精确到 1 $\mathrm{cm^3/s}$)。

图 5-1　高中数学教材中的综合运用题

阅读与思考

函数概念的发展历程

17 世纪，科学家们致力于运动的研究，如计算天体的位置，远距离航海中对经度和纬度的测量，炮弹的速度对于高度和射程的影响等。诸如此类的问题都需要探究两个变量之间的关系，并根据这种关系对事物的变化规律作出判断，如根据炮弹的发射角和初速度推测它能达到的高度和射程，这正是函数概念产生和发展的背景。

"function"一词最初由德国数学家莱布尼茨（G.W.Leibniz, 1646—1716）在1692年使用。在中国，清代数学家李善兰（1811—1882）在 1859 年和英国传教士伟烈亚力合译的《代微积拾级》中首次将"function"译作"函数"。

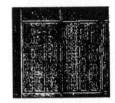

图 5-2　高中数学教材中的阅读与思考

　　教师应在对教材内容梳理的过程中重点挖掘关联性教学内容，对可以进行关联性教学的资料与素材做到心中有数，对适于学生进行关联性教学的资料与素材进行资源整合，将具有相同教学主题的内容通过某一知识点进行连接，使学生能全面了解知识形成的过程．从关联性教学角度看，由于知识在不同学科中有不同的表现形式，不同学科也有不同的体系和逻辑结构，因此教师可以打破这种学科间知识的藩篱，形成交叉化的教学方式，这样更有利于学生全面理解知识的本质属性．尤其对于一些可操作性的知识，可以让学生在科学课中学习之后再在数学课中学习其本质规律，这样有利于学生借助科学知识认识数学规律，用已学习的科学知识指导未学习的数学内容，促进数学在其他学科中的迁移和应用．

　　2. 转变数学教学中"单一数学思维"为"多元科学思维"

　　教师在探寻教材中蕴含科学元素内容的同时，还要积极整合中学数学与科学内容的关联性教学资源，善于在关联性科学材料、工具和术语中，找到联结点进行教学，变单一的、数学的思维为多元的、关联的科学思维．从中学数学教材内容的选取与安排中可以发现，数学教材中的大多数科学背景的设定、科学材料的选择几乎都可以在相应的学科教材中找到材料原型．这一点可以说明，数学教材在编写过程中关注数学在现代社会中的应用价值，尤其关注与数学内容息息相关的学科教材中相应的科学知识,积极渗透科学常识,以促进学生科学素养的形成和发展.所以,教师在教学中要注意整合与学生知识水平相符的、具有科学性质的数学知识,借助科学资料、工具、术语等进行关联性教学,但同时也需要注意在以科学工具、术语为载体的关联性教学中,正确使用科学工具以及对科学术语进行明确界定,并积极查阅相关教学资源.在整合关联性教学资源的过程中,教师应在教学中帮助学生从传统的"单一数学思维"转变为"多元科学思维",把有关联的内容看作一个整体进行分析,并用多元科学思维解决问题.在此过程中,教师需要提供学生多种可供关联的教学材料,激发学生自我创造、运用多元科学思维解决问题的能力.同时,改变教师"满堂灌"的教学方式,代之以科学探究的实践活动形式进行教学,使学生不仅知道、理解知识,也会将知识运用到实践中去.改变教学方式主要是以有效活动为载体,使学生能够"自由、自主、自信"地开展学习活动,要求教师在设计活动时能够"把目标变成任务,把知识变成问题,把方法变成活动",让学生在课堂学习活动中"爱做、能做、善做",真正做到"每位学生都有活动,每位学生都有机会".

3. 丰富数学教学中的科学情境

数学学科核心素养通常是在综合化、复杂化的情境中,通过个体与情境的有效互动生成的,可见数学学科核心素养的形成与情境有密不可分的关系.数学教学活动是学生的数学学科核心素养形成和发展的重要途径,在数学教学中需要创设合适的教学情境促进学生数学学科核心素养的发展.因此,《普通高中数学课程标准(2017年版)》从突出数学本质、设计合适的情境和问题、不断提升教师自身素养三个方面,对如何设计情境提出了建议.

数学学科核心素养是具有数学基本特征的、适应个人终身发展和社会发展需要的思维品质与关键能力.数学学科核心素养具有数学特征,不同于其他学科核心素养.因此,在设计教学情境为学生提供解决问题的机会时,首先要抓住数学的本质,围绕重要的、本质的概念,原理和解决问题的思维方式来设计教学情境和提出问题,问题设计应突出创新性.

数学教学情境和问题是多样化的,包括现实的、数学的、科学的.数学学科核心素养是在学生与情境、问题的有效互动中得到提升的.在教学中,应结合教学任务及其蕴含的数学学科核心素养,设计切合学生实际的科学情境和问题,引导学生用数学的眼光去观察现象、发现问题,使用恰当的数学语言、模型描述问题,用数学的思想方法解决问题.在问题解决的全过程中,理解数学内容的本质,促进学生数学学科核心素养的发展.

设计适合学生实际的科学情境对教师也是具有挑战性的,需要教师不断地学习、探索、研究、实践,提升自身的数学素养,了解数学与生活、数学与其他学科的联系,创造出符合学生认知规律、有助于提升学生数学学科核心素养的优秀案例.这也是教师实践创新的载体,利用好这一载体有利于提升教师的专业水平.例如,向量具有丰富的物理背景,向量内容的教学,可以将物理背景作为重要的科学情境贯穿向量教学的始终.可以利用物理中力的概念、力的合成与分解、力所做的功等内容设计科学情境,提出向量运算法则等数学问题.再比如,导数是刻画函数变化的重要概念,物理中的瞬时速度、现实生活中的变化率等都可以作为学习导数概念的科学情境.通过呈现准确、简洁的科学情境,加深学生对数学知识的理解,学会欣赏科学的美,体会数学和科学的价值.教师需要创造性地使用教材、加工教材,根据教学需要可以在关联性教学中加入一些小视频、小实验来丰富科学情境,激发学生自主探究的学习兴趣.同时,在教学中多增加相关联的科普小读物或小材料,让学生在数学学习中感受科学的价值.另外,还可以通过各种各样的科学活动进行关联性教学,让学生在丰富的科学情境中体会科学的魅力,增强自主探索的意识.

第三节　中学数学教学中渗透科创素养培育的教学设计案例

案例1　π的发现及π与周长、面积的关系教学设计

一、教学目标

(1) 了解圆周率 π 是如何发现的,追溯它的历史,体会它的文化价值;

(2) 通过动手操作探索圆的周长和直径的倍数关系,并会用式子表示,理解圆周率 π 的意义.

二、教学重点

探索圆的周长、面积与直径的关系.

三、教学难点

理解圆周率 π 的意义.

四、教学过程

1. 向学生呈现阅读材料

π 是一个数学常数.

在生活及生产过程中,最早引起人们注意的几何图形就是直线和圆. 关于圆的图像,从太阳、满月以及一些花朵的形状上可以逐步体会出来. 开始人们注意到的可能是圆的直径 D,同样也注意到圆的周长 C,并逐步加深了对它们之间关系的认识.从注意到圆这一图形,到发现圆周长 C 和直径 D 之间有正比例关系,经过了很长时间,最终达到了这样的认识:圆的周长 C 与直径 D 成正比,且比例为常数,即为圆周率,现在记为 π. 于是,有 $\frac{C}{D}=\pi$ 或 $C=D\pi$. 由于 $D=2r$,故 $C=2\pi r$. 这里必须说明,将圆周率记为 π,是在大数学家欧拉于 1737 年采用后才为大家普遍接受并成为通用记号的.

古希腊欧几里得《几何原本》(约公元前 3 世纪初)中提到圆周率是常数,中国古算书《周髀算经》(约公元前 2 世纪)中有"径一而周三"的记载,也认为圆周率是常数.

π 的值究竟是多少?

根据最早有文字的记载,在公元前 2000 年左右,巴比伦人就给出 $\pi=3\frac{1}{8}=3.125$,而埃及人在公元前 2000 年前已用了 $\pi=3.1605$. 这与我们现在熟知的 $\pi\approx3.1416$ 相比较,巴比伦人给出的 π 值比实际值小,而埃及人给出的 π 值则比实际值大.

圆周率是圆的周长与直径的比值,一般用希腊字母 π 表示,是一个在数学及物理学中普遍存在的数学常数. π 也等于圆的面积与半径平方之比,是精确计算圆周长、圆面积、球体积等几何形状的关键值. 在分析学里,π 可以严格地定义为满足 $\sin x=0$ 的最小正实数 x.

图 5-3 π 的近似值

圆周率用字母 π 表示，它是一个常数（约等于 3.141592654），代表圆周长和直径的比值.它是一个无理数，即无限不循环小数（图 5-3）.

在日常生活中，通常用 3.14 代表圆周率去进行近似计算.而用 10 位小数 3.141592654 便足以应付一般计算.即使是工程师或物理学家要进行较精密的计算，充其量也只需取值至小数点后几百位.

π 是第十六个希腊字母，本来它是和圆周率没有关系的，但大数学家欧拉从 1736 年开始，在书信和论文中都用 π 来表示圆周率.因为他是大数学家，所以人们也有样学样地用 π 来表示圆周率.

我国南北朝时期（约 5 世纪下半叶）著名数学家祖冲之进一步得出精确到小数点后 7 位的 π 值，得出圆周率 π 应该介于 3.1315926 和 3.1415927 之间，还得到两个近似分数值：密率 355/113 和约率 22/7.他的这个辉煌成就比欧洲早了近千年，其中的密率在欧洲直到 1573 年才由德国人奥托得到，1625 年发表于荷兰工程师安托尼斯的著作中，当时欧洲人不知道祖冲之早以求得密率，将密率称为安托尼斯率.

汉朝时，张衡得出 π 的平方除以 16 等于 5/8，即 π 等于 10 的开方（约为 3.162）.虽然这个值不太准确，但它简单易理解，所以也在亚洲风行了一阵.三国时期的王蕃发现了另一个圆周率值，这就是 3.156，但没有人知道他是如何求出来的.

2. 新课讲授

（1）化圆为方.

如果把圆的半径记为 r，求 x 使得 $x^2 = \pi r^2$，即求 $x = \sqrt{\pi}r$.如果要求以直尺和圆规解决，问题转化为用尺规是否能对 π 开平方的问题.1882 年德国数学家林德曼证明了 π 是超越数，因此问题的答案是否定的.由此，人们随即知道了用尺规作图去解决化圆为方的问题的不可能性（图 5-4）.

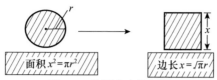

图 5-4　化圆为方的问题

意大利文艺复兴时期伟大的艺术家兼学者达·芬奇曾用圆柱侧面法解决化圆为方的问题:取半径为 r,高为 $\frac{1}{2}r$ 的圆柱,把圆柱的侧面在平面上滚动一周,得到长为 $2\pi r$,宽为 $\frac{1}{2}r$ 的长方形.对此长方形的长、宽求其比例中项,即得与圆等面积的正方形边长 $x=\sqrt{2\pi r\cdot\frac{1}{2}r}=\sqrt{\pi}r$.

(2) 希波克拉底定理(月牙定理).

人们在解决"化圆为方"的作图难题的过程中,发现有一些除圆以外的奇妙的曲边图形的面积会和某个多边形面积相等.这种发现最早归功于古希腊的几何学家希波克拉底.他首先发现了如下结论:以直角三角形两直角边为直径向外作两个半圆,以斜边为直径向内作一个半圆,则三个半圆所围成的两个月牙形的面积之和等于该直角三角形的面积.这就是几何学上有名的希波克拉底定理(图 5-5).下面给出这个定理的证明.

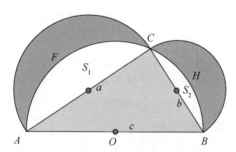

图 5-5　希波克拉底定理图示

设三角形 ABC 为直角三角形,a 为 AC 的长,b 为 BC 的长,c 为 AB 的长.由勾股定理 $a^2+b^2=c^2$,我们很容易得到 $\frac{1}{2}\pi\left(\frac{a}{2}\right)^2+\frac{1}{2}\pi\left(\frac{b}{2}\right)^2=\frac{1}{2}\pi\left(\frac{c}{2}\right)^2$,即直角边上两个半圆面积之和等于斜边上半圆的面积.再从上面等式的两边同时减去图 5-5 中由直角边 AC 和弧 AFC 所围的面积 S_1 以及直角边 BC 和弧 BHC 所围的面积 S_2,其中 S_1,S_2 之和为等式两边的公共部分,从而可以得出结论:三角形直角边上的两个月牙形面积之和等于直角三角形的面积.

（3）刘徽割圆术.

三国时期的刘徽在对我国古代算经《九章算术》作注时于264年也提出了类似算法，割圆术也是刘徽命名的．刘徽用正192边形求得了3.141024<π<3.142704，并用正3072边形求得了π≈3.14159.

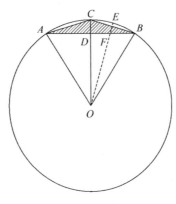

图 5-6　割圆术

刘徽不仅得到了相当精确的π的近似值，而且和阿基米德一样，提出了一个可以计算π值到任意精度的一般性方法.

更值得一提的是，刘徽与阿基米德的研究方法不同，刘徽的切入点是圆内接及外切正多边形的面积，而不是它们的周长，从图形上更容易直观地看出，圆的面积必夹在圆的内接正多边形面积与外切正多边形面积之间．概念"差幂"是后一次与前一次割圆的差值，可以用图 5-6 中阴影部分三角形的面积来表示．同时，它与两个小三角形的面积和相等．因此，刘徽大胆地将极限思想和无穷小分割引入数学证明中．他从圆内接正六边形开始割圆，"割之弥细，所失弥少，割之又割，以至于不可割，则与圆周合体，而无所失矣"．也就是说，将圆内接正多边形的边数不断加倍，则它们与圆面积的差就越来越小，而当边数不能再加的时候，圆内接正多边形的面积的极限就是圆面积．刘徽考察了内接多边形的面积，也就是它的"幂"，同时提出了"差幂"．在用圆内接正多边形的面积逼近圆面积的过程中，圆半径在正多边形与圆之间有一段余径．以余径乘正多边形的边长，即 2 倍的"差幂"，加到这个正多边形面积上，则大于圆面积．由此可得圆面积的一个上界序列．刘徽认为，当圆内接正多边形与圆是合体的极限状态时，"则表无余径．表无余径，则幂不外出矣"．也就是说，余径消失了，余径的长方形也就不存在了．因而，圆面积的这个上界序列的极限也是圆面积．于是，内外两侧序列都趋向于同一数值，即圆面积．刘徽发明"割圆术"是为求"圆周率"，那么圆周率究竟是指什么呢？它其实就是指"圆周长与该圆直径的比率"．很幸运，这是个不变的"常数"！我们人类借助它可以进行关于圆和球体的各种计算.如果没有它,那么我们对圆和球体等将束手无策.同样,圆周率数值的准确性,也直接关乎我们有关计算的准确性和精确度.这就是人类为什么要求圆周率,而且要求准确性高的原因.

与刘徽相同,西方一些学者也对圆周率产生了极大的兴趣,探索出利用圆内接或外切正多边形求圆周率近似值的方法,其原理是当正多边形的边数增加时,它的周长逐渐逼近圆周.早在公元前 5 世纪,古希腊学者安蒂丰为了研究化圆为方的问题就设计了一种方法:先作一个圆内接正四边形,以此为基础作一个圆内接正八边形,再逐次加倍其边数,得到正十六边形、正三十二边形等,直至正多边形的边长小到恰与它们各自所在的圆周部分重合,他认为就可以完成化圆为方的问题.到公元前 3 世纪,古希腊科学家阿基米德在《论球和圆柱》一书中利用穷竭法建立起这样的命题:只要边数足够多,圆外切正多边形的面积与内接正多边形的面积之差可以任意小.阿基米德又在《圆的度量》一书中利用正多边形割圆的方法得到圆周率的值小于 $3\frac{1}{7}$ 而大于 $3\frac{10}{70}$,还说圆面积与外切正方形面积之比为 11：14,即取圆周率等于 22/7.1610 年德国数学家柯伦用 2^{62} 边形将圆周率计算到小数点后 35 位.1630 年格林贝尔格利用改进的方法计算到小数点后 39 位,成为割圆术计算圆周率的最好结果.分析方法发明后逐渐取代了割圆术,但割圆术作为计算圆周率最早的科学方法一直为人们所称道.

3.巩固练习

(1)圆周率有多种近似值,为什么说它是一个固定值?

(2)假设地球的赤道是一个圆,赤道的长和它的直径的比值是多少?如果把地球的直径加长 2 m,用它画一个圆,这个圆的周长和它的直径的比值是多少?

案例 2　乘法规则教学设计

一、教学目标

(1)使学生学会列竖式乘法;

(2)使学生了解各国乘法运算的方法;

(3)培养学生运用竖式运算解题的能力.

二、教学重点

(1)掌握乘法运算和竖式运算的方法;

(2)准确理解各种计算方法.

三、教学难点

（1）掌握竖式运算的表达形式；

（2）准确理解运算中各个数字的含义．

四、教学过程

1. 提出问题

在学习过九九乘法表后，该怎样计算两位数及以上位数相乘呢？

例如：怎样计算 12×11？

2. 新课教学

（1）中国传统的列竖式乘法．

单项式相乘，把它们的系数、相同字母分别相乘，对于只在一个单项式里含有的字母，则连同它的指数作为积的一个因式．

一个数的第 i 位乘上另一个数的第 j 位

就应加在积的第 $i+j-1$ 位上．

如计算 12×11，具体做法如图 5-7 所示：

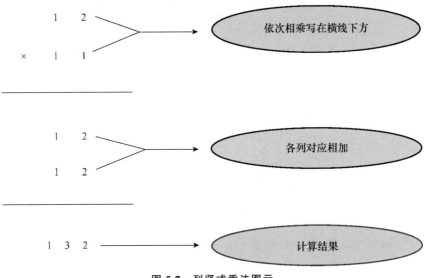

图 5-7　列竖式乘法图示

（2）线的交点法．

用线的交点也可快速完成乘法运算．下面结合具体的例子说明这种方法．

同样以计算 12×11 为例，其计算步骤如下：

步骤 1：画一条斜线，代表 10，再画两条与前一条平行的斜线，代表 2，"12"

就是这样表示,如图 5-8(a)所示;

步骤 2:画两条与步骤 1 中倾斜方向相反的平行线表示"11",如图 5-8(b)所示;

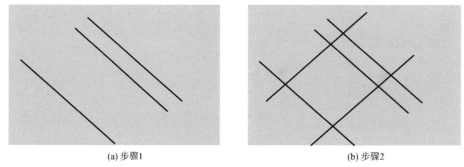

(a) 步骤1   (b) 步骤2

图 5-8 线的交点法图示

步骤 3:把这些线的交点标出来,如图 5-8(c)所示;

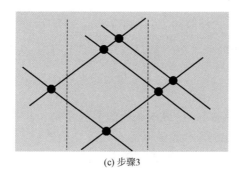

(c) 步骤3

图 5-8 线的交点法图示(续)

步骤 4:从右侧开始观察,两组直线中代表个位直线的交点个数即为最后结果的个位数字,两组直线中代表个位与十位直线交点的个数为最后结果的十位数字,代表十位直线的交点个数为最后结果的百位数字,最后得到的结果是 132.

案例3 高尔顿板教学设计

一、教学目标

(1)了解高尔顿板和高尔顿板试验的原理,会进行简单概率计算;

(2)形成抽象思维能力和分析问题能力;

(3)体会高尔顿板的应用和科学价值.

二、教学重点

（1）正态分布的准确理解；

（2）离散型随机变量的期望与方差，相互独立事件的概率乘法公式.

三、教学难点

（1）正态分布图含义的理解；

（2）离散型随机变量的实际应用.

四、教学过程

1. 高尔顿板试验

英国生物统计学家高尔顿设计的用来研究随机现象的模型，称为高尔顿板（或高尔顿钉板）.

（1）试验描述：如图 5-9 所示，其中每一个黑点表示钉在板上的一颗钉子，每排钉子等距排列，下一排的每个钉子恰在上一排相邻钉子之间.假设有 n 排钉子，从入口中放入小球，小球在下落过程中碰到钉子后以 $\frac{1}{2}$ 的概率滚向左右两侧，碰到下一个钉子也以 $\frac{1}{2}$ 的概率滚向左右两侧，再到下一排钉子又是如此.因此，任意放入一个小球，则小球落入底层的哪一个格子是预先难以确定的.假设试验次数 n 很多，关心的是大量小球落入钉板底层的格子的情形.因此，本试验要了解落入钉板底层格子的小球分布有什么规律.

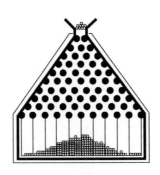

图 5-9 高尔顿板试验

为了更好地观察随着试验次数的增加，落入各个格子内的小球分布情况，我们进一步从频率的角度描述一下小球的分布规律.以格子的编号为横坐标，小球落入各个格子内的频率值为纵坐标,可以画出小球落入各个格子的频率分布直方图,如图 5-12 所示.

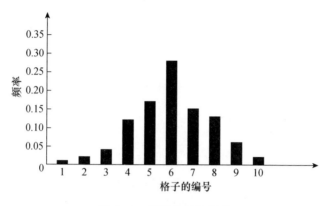

图 5-10　频率分布直方图

(2) 试验结果:如果 n 很大,大量小球落入钉板底层的格子的情形如图 5-10 所示,堆成的曲线近似于左右对称的、古钟形的正态分布曲线,见图 5-11,即这条曲线近似为下列函数的图像:

$$y = \frac{1}{\sigma\sqrt{2\pi}} e^{-\frac{(x-\mu)^2}{2\sigma^2}}, \quad x \in (-\infty, +\infty)$$

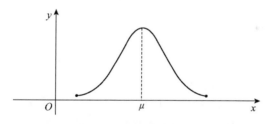

图 5-11　正态分布曲线

(3) 简单解释:设 X_k 表示某一个小球在第 k 次碰到钉子后下落的情况,并定义

$$X_k = \begin{cases} 1, & \text{从右侧滚落}, \\ -1, & \text{从左侧滚落}, \end{cases} \quad k=1,2,\cdots,n$$

易知这 n 个 $X_k (k=1,2,\cdots,n)$ 是独立同分布的,概率分布如表 5-1 所示,相应的期望方差为

表 5-1　概率分布表

X_k	-1	1
P	0.5	0.5

$$EX_k=0, \quad DX_k=EX_k^2-E^2X_k=1\times0.5=1\times0.5=1, \quad k=1,2,\cdots,n$$

记 $Y_n = \sum_{k=1}^{n} X_k$，显而易见，Y_n 可以理解为 n 次下落后小球的位置，从图 5-9 可以看出 Y_n 近似服从正态分布.

2. 例题求解

例　一颗骰子连续掷 4 次，点数总和记为 X，试估计 $P\{10<X<18\}$.

解　设 X_k 为第 k 次掷骰子的点数（$k=1,2,3,4$），且它们之间独立同分布，于是 4 次掷骰子所得的点数之和为 $X = \sum_{k=1}^{4} X_k$. 依题意，有

$$\mu=E(X_k)=3.5, \quad \sigma=\sqrt{D(X_k)}=\sqrt{15.667-12.25}=1.7, \quad n=4$$

由中心极限定理得

$$P(10<X<18)=P\left\{\frac{10-n\mu}{\sigma\sqrt{n}}<\frac{\sum_{k=1}^{n}-n\mu}{\sigma\sqrt{n}}<\frac{18-n\mu}{\sigma\sqrt{n}}\right\}$$

$$\approx\Phi\left(\frac{18-n\mu}{\sigma\sqrt{n}}\right)-\Phi\left(\frac{10-n\mu}{\sigma\sqrt{n}}\right)$$

$$=\Phi\left(\frac{18-3.5\times4}{1.7\times\sqrt{4}}\right)-\Phi\left(\frac{10-3.5\times4}{1.7\times\sqrt{4}}\right)=\Phi(1.2)-\Phi(1.2)$$

$$=2\Phi(1.2)-1=0.7698$$

总结　有些问题不容易联想到应用高尔顿板的结论去求解，若题目有特征"所求问题可以归结为关于独立同分布的随机变量和的问题"，则要提示可以考虑应用此定理，但要注意正确求 $\mu=E(X_k)$，$\sigma=\sqrt{D(X_k)}$.

案例 4　有限样本空间与随机事件教学设计

一、教学目标

（1）了解随机试验的特点；

（2）理解样本点、样本空间、有限样本空间；

（3）体验现实中的随机事件；

（4）能够在实际问题中写出试验的样本空间及随机事件.

二、教学重点

理解样本点、样本空间、有限样本空间、基本事件、随机事件.

三、教学难点

能够在具体实际问题中写出试验的样本空间及随机事件.

四、教学过程

观看视频：走进概率论.

在我们所生活的世界上，充满了不确定性，从扔硬币、掷骰子和玩扑克等简单的机会游戏到复杂的社会现象，如人类知识与科学技术的不确定性，发展环境的不确定性，亲密关系、劳动关系等各种社会关系的不确定性，社会身份与自我认知的不确定性，从流星坠落到大自然的千变万化，我们无时无刻不面临着不确定性.

早在古希腊时期，哲学家们就已经认识到不确定性在生活中的作用，但这超出了当时人们理解能力范围，没有被深入研究.概率论出身"卑微"，它很长一段时间得不到数学家们的普遍认可.例如，数学家克莱因的《古今数学思想》甚少提到概率，这也许与这一巨著偏重确定性数学有关.直到20世纪初，随着科学的不断发展，人们注意到某些生物、物理和社会现象与机会游戏(扔硬币、掷骰子和玩扑克)相似，于是将不确定性数量化，概率论应运而生.概率论的诞生为人类活动带来了一场革命，这场革命为研究和发展自然科学知识，繁荣人类生活开拓了道路，而且也改变了人们的思维方式，使我们能大胆探索自然的奥秘.拉普拉斯说过："生活中最重要的问题，其中绝大多数在实质上只是概率问题."研究概率就必须要先研究随机现象、随机事件.

在生活中，不同颜色的交通信号灯闪亮的时间是不同的，如红灯亮30秒，绿灯亮25秒，黄灯亮5秒，当我们抬头看信号灯的时候，看到哪种颜色信号灯的可能性更大呢？我们进入商场购物的时候，每一位顾客购买某种商品的可能性是不同的，那么一位顾客同时购买两种商品的可能性有多大呢？（图5-12）

图 5-12 生活中的随机现象

1. 设计情境,直观感知

人类社会和自然界中的现象多种多样,一般可分为以下两类:

(1)必然现象:

① 早晨太阳从东方升起(图 5-13);

图 5-13　日出

② 水往低处流(图 5-14).

图 5-14　流水

(2)随机现象:一次射击出现的环数不确定(图 5-15).

图 5-15　射击

2. 合作交流,探索新知

问题 1　我们知道生活中存在着大量的随机现象.研究某种随机现象,首先要对研究进行观察试验,发现它可能出现的基本结果.请大家思考:什么是随机试验? 随机试验的特点有哪些?

师生活动:

(1)学生独立思考并回答问题,教师对学生的回答进行点评.

(2)师生共同研究得到:

① 我们把在相同条件下对随机现象的实现和观察称为随机试验,简称试验,常用字母 E 表示.教师强调:E 取自 experiment 首字母.

② 随机试验的特点:

第一,可重复性:试验可以在相同条件下重复进行;

第二,可知性:试验的所有可能结果是明确可知的,并且不止一个;

第三,随机性:每次试验总是恰好出现这些可能结果中的一个,但是事先不能确定是哪一个.

(3)教师强调:

① 试验是可以在相同的一定条件下重复的;

② 试验有一个需要观察的目的.

问题 2　发行体育彩票是国家为体育事业和其他各项社会公益事业筹集资金的重要渠道,责任重大.体育彩票摇奖时,将 10 个质地和大小完全相同,分别标号为 0,1,2,…,9 的球放入摇奖器中,充分搅拌后摇出一个球,记录球的号码.这个球有多少可能的结果? 如何表达这些结果?

师生活动:

(1)学生口答,教师进行点评.

(2)师生共同研究得出概念:

① 样本点:随机试验 E 中每个可能出现的结果,都称为样本点,用 w 表示.

② 样本空间:

定义:如果一个随机试验有 n 个可能结果有限样本空间 $w_1,w_2,\cdots,w_n$,则称样本空间 $\Omega=\{w_1,w_2,\cdots,w_n,\}$ 为有限样本空间.

表示:样本空间常用大写希腊字母 Ω 表示.

(3)教师提问:样本点与样本空间的关系如何?

(4)教师介绍数学史知识:样本空间(短视频).

奥地利数学家米泽斯在 1928 年引进了样本空间的概念(图 5-16).

图 5-16 奥地利数学家米泽斯

米泽斯曾说过："数学原则中也有其经验的一面,这一个侧面不再谈论'结论的必然性',但在认识研究中不能忽略它."

问题 3 在体育彩票摇号试验中,摇出"球的号码为奇数"是随机事件吗?摇出"球的号码是小于 7 的数"是否也是随机事件?

例 1 古时候,人们认为生活中重要的决定都应当交给神,他们设计各种各样独特精巧的占卜术,用来决定重要的事情.公元前 10 世纪,生活在小亚细亚中西部的吕底亚人就创造出"抛硬币"占卜术——很适合判断是非,做决定(图5-17).请你抛一枚硬币,观察它落地时哪一面朝上,写出试验的样本空间.

图 5-17 抛硬币

师生活动:

(1) 学生尝试体验并思考,然后选一名代表讲解,其他学生进行点评、补充完善.

(2) 教师强调:样本空间的表示可以有两种方式:

① 用文字语言表达: $\Omega = \{$正面朝上,正面朝下$\}$.

② 先用符号语言定义,然后用符号语言表达:如果用 H 表示"正面朝上",用 T 表示"正面朝下",则样本空间 $\Omega = \{H, T\}$. 可以自行设定符号,不要求

统一.

设计意图:例1具有典型性、可行性,注重文字语言、符号语言的转换,有利于学生熟练运用列举法写出试验的样本空间,同时有利于培养学生的语言表达能力、逻辑思维能力.

例2 掷"骰子"(图5-18),从唐代一直流传至今,那是很多孩子经常玩的游戏,也是孩子们对童年的美好回忆.掷一颗骰子,用朝上的面的点数表示样本点,写出试验的样本空间.

图5-18　骰子

师生活动:

(1)学生先独立思考并口答,其他学生进行点评、补充完善.

(2)师生研究发现,可以有两种表达方式:

① $\Omega=\{1,2,3,4,5,6\}$.

② 设 w_1 表示"骰子朝上的面的点数为1",w_2 表示"骰子朝上的面的点数为2",w_3 表示"骰子朝上的面的点数为3",以此类推,w_6 表示"骰子朝上的面的点数为6",则样本空间 $\Omega=\{w_1,w_2,w_3,w_4,w_5,w_6\}$.

说明:对于 $w_1,w_2,\cdots,w_6$,还可以用一个通用的表达:设 w_i 表示"骰子朝上的面的点数为 i"($i=1,2,3,4,5,6$).

3. 巩固练习,深化认识

(1)张华练习投篮10次,观察张华投篮命中次数,写出对应的样本空间.设事件 A 表示"投篮命中的次数不少于7次",并用集合表示事件 A.

(2)从含有3件次品的100件产品中任取5件,观察其中次品数,写出对应的样本空间,并说明事件 $A=\{0\}$ 和 $B=\{1\}$ 的实际意义.

师生活动:学生抢答,教师对学生的回答进行点评.

设计意图:练习题的设计从学生的实际出发,以基础题、中档题为主,做到有的放矢.一方面,检测学生的听课效果,及时反馈学生对本节课知识的掌握情况;另一方面,促进学生的运算技能,有利于提高学生分析问题、解决问题的能力.

(3)图5-19给出了由两个元件分别组成的串联电路和并联电路,观察这两个电路中两个元件正常或失效的情况.

① 写出试验的样本空间；

② 对串联电路,写出事件 M="电路是通路"包含的样本点；

③ 对并联电路,写出事件 N="电路是断路"包含的样本点.

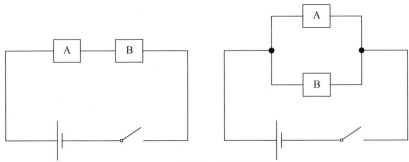

图 5-19   串联电路与并联电路

4. 归纳小结,强化思想

教师引导学生回顾本节课的学习内容,并引导学生回答下列问题：

(1) 随机试验的定义是什么？特点有哪些？

(2) 样本空间的定义是什么？样本空间如何表示？

(3) 随机事件的定义是什么？必然事件和不可能事件的定义是什么？

(4) 从集合的角度,如何理解随机事件、必然事件和不可能事件的关系？

(5) 布置作业,巩固提高：

作业一   写出下列随机试验的样本空间：

① 采用抽签的方式,随机选择一名同学,并记录其性别；

② 采用抽签的方式,随机选择一名同学,观察其血型；

③ 随机选择一个有两个小孩的家庭,观察两个孩子的性别；

④ 射击靶 3 次,观察各次击中靶或脱靶的情况；

⑤ 射击靶 3 次,观察中靶的次数.

作业二   一袋子中有 9 个大小和质地相同的球,标号 1,2,3,4,5,6,7,8,9,从中随机摸出一个球.

① 写出随机试验的样本空间；

② 用集合表示事件 A="所摸出球的号码小于 5",B="所摸出球的号码大于 4",C="所摸出球的号码是偶数",D="所摸出球的号码大于 9",E="所摸出球的号码小于 9".

案例 5　三角函数教学设计

一、教学目标

（1）借助单位圆理解任意角三角函数（正弦函数、余弦函数、正切函数）的定义：

① 能用直角坐标系中角的终边与单位圆交点的坐标来表示锐角的三角函数；

② 能用直角坐标系中角的终边与单位圆交点的坐标来表示任意角的三角函数；

③ 知道三角函数是研究一个实数集（角的弧度数构成的集合）到另一个实数集（角的终边与单位圆交点的坐标或其比值构成的集合）的对应关系，正弦函数、余弦函数和正切函数都是以角为自变量，以单位圆上点的坐标或坐标的比值为函数值的函数．

（2）在借助单位圆认识任意角三角函数定义的过程中，体会数形结合思想，并利用这一思想解决有关定义应用的问题．

二、教学重点

三角函数的定义与表示．

三、教学难点

认识三角函数的定义过程，体会数形结合思想．

四、教学过程

1. 教学基本流程

本节课的教学基本流程如图 5-20 所示．

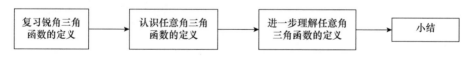

图 5-20　教学基本流程图

2. 教学情境

（1）复习锐角三角函数的定义．

问题 1　在初中，我们已经学过锐角的三角函数．如图 5-21 所示，在直角 $\triangle POM$ 中，$\angle M$ 是直角，那么根据锐角三角函数的定义，$\angle O$ 的正弦、余弦和正切分别是什么？

图 5-21　直角△POM

设计意图：帮助学生回顾初中锐角三角函数的定义.

师生活动：教师提出问题,学生回答.

（2）认识任意角三角函数的定义.

问题 2　在上一节内容的学习中,我们已经将角的概念推广到了任意角,现在所说的角可以是任意大小的正角、负角和零角.那么任意角的三角函数又该怎样定义呢？

设计意图：引导学生将锐角的三角函数推广到任意角的三角函数.

师生活动：在教学中,可以根据学生的实际情况,利用下列问题引导学生进行思考：

① 能不能继续在直角三角形中定义任意角的三角函数？

以此来引导学生在直角坐标系内定义任意角的三角函数.

如果学生仍然不能想到借助直角坐标系来定义,那么可以进一步提出下列问题来启发学生进行思考：

② 在上一节内容中,将锐角的概念推广到任意角时,我们是把角放在哪里进行研究的？

进一步引导学生在直角坐标系内定义任意角的三角函数.在此基础上,提出问题组织学生讨论：

③ 如图 5-22 所示,在直角坐标系中,如何定义任意角 α 的三角函数呢？

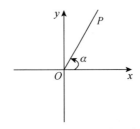

图 5-22　直角坐标系中的任意角 α

如果学生仍用直角三角形边长的比值来定义,则可以做下列引导:

④ 终边是 OP 的角一定是锐角吗? 如果不是,能利用直角三角形的边长来定义吗? 如图 5-23 所示,如果角 α 的终边不在第一象限又该怎么办?

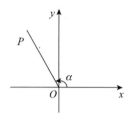

图 5-23　终边不在第一象限的角 α

⑤ 我们知道,借助直角坐标系,就可以把几何问题代数化,比如把点用坐标表示,把线段的长度用坐标计算出来. 我们先回到锐角三角函数定义的问题上:能不能用直角坐标系中角终边上点的坐标来表示定义式中的三条边长呢?

渗透数形结合思想.

⑥ 利用直角坐标系中角终边上点的坐标来定义有什么好处?

问题 3　大家有没有办法让所得到的定义式变得简单些?

设计意图:为引入单位圆进行铺垫.

师生活动:教师提出问题后,可组织学生展开讨论. 在学生不能正确回答时,可启发他们思考下列问题:

① 我们在定义 1 弧度的角的时候,利用了一个什么图形? 所用的圆与半径大小有关吗? 用半径多大的圆定义起来更简单易懂些?

② 对于一个三角函数,比如 $y = \sin\alpha$,它的函数值是由什么决定的? 那么,当一个角的终边位置确定以后,能不能取终边上任意一点来定义三角函数? 取哪一点可以使我们的定义式变得简单些? 怎样取?

加强与几何的联系.

问题 4　大家现在能不能给出任意角三角函数的定义?

设计意图:引导学生在借助单位圆定义锐角三角函数的基础上,进一步给出任意角三角函数的定义.

师生活动:由学生给出任意角三角函数的定义,教师进行整理.

问题 5　根据任意角三角函数的定义,要求角 α 的三个三角函数值,其实就是分别求什么?

设计意图:让学生从中体会,用单位圆上点的坐标定义三角函数不仅简化了定义式,还能突出三角函数概念的本质.

师生活动:在学生回答问题的基础上,引导学生利用定义求三角函数值.

例 1 已知角 α 的终边经过点 $P\left(\dfrac{1}{2}, -\dfrac{\sqrt{3}}{2}\right)$，求角 α 的正弦、余弦和正切.

设计意图：从最简单的问题入手，通过变式，让学生学习如何利用定义求不同情况下的函数值，进而加深对定义的理解，加强定义应用中与几何的联系，体会数形结合思想.

师生活动：在完成例 1 的基础上，可通过下列变式引导学生对三角函数的概念做进一步的认识.

变式 1：求 $\dfrac{3\pi}{5}$ 的正弦、余弦和正切；

变式 2：已知角 α 的终边经过点 $P(-3,-4)$，求角 α 的正弦、余弦和正切.

（3）进一步理解任意角三角函数的概念.

问题 6 你能否给出正弦函数、余弦函数和正切函数在弧度制下的定义域？

设计意图：研究一个函数，就要研究其三要素，而三要素中最本质的则是对应法则和定义域. 三角函数的对应法则已经由定义式给出，所以在给出定义之后就要研究其定义域. 通过利用定义求定义域，既完善了三角函数概念的内容，同时又可帮助学生进一步理解三角函数的概念.

师生活动：学生求出定义域，教师进行整理.

问题 7 上述三种函数的值在各象限的符号是怎样的？

设计意图：通过三角函数定义的应用，让学生了解三角函数值在各象限的符号的变化规律，并从中进一步理解三角函数的概念，体会数形结合思想.

师生活动：学生回答，教师整理.

例 2 求证：

① 当不等式组 $\begin{cases} \sin\theta < 0, \\ \tan\theta > 0 \end{cases}$ 成立时，θ 为第三象限的角；

② 当 θ 为第三象限的角时，不等式组 $\begin{cases} \sin\theta < 0, \\ \tan\theta > 0 \end{cases}$ 成立.

设计意图：通过问题的解决，熟悉和记忆三角函数值在各象限的符号的变化规律，并进一步理解三角函数的概念.

师生活动：在完成例 2 的基础上，可视情况改变题目的条件或结论，做变式训练.

问题 8 既然我们知道了三角函数值是由角的终边位置决定的，那么，角的终边每绕原点旋转一周，角的大小将会怎样变化？ 它所对应的三角函数值又将怎样变化？

设计意图：引出公式一如下：

$$\sin(\alpha + k \cdot 2\pi) = \sin\alpha,$$

$$\cos(\alpha+k\cdot2\pi)=\cos\alpha,$$
$$\tan(\alpha+k\cdot2\pi)=\tan\alpha,\text{其中}\,k\in Z,$$

突出函数周期变化的特点以及数形结合思想.

师生活动:在教师引导下,由学生讨论完成.

例3 先确定下列三角函数值的符号,再求出它们的值:

① $\sin\dfrac{9\pi}{4}$;　② $\cos3\pi$;　③ $\tan\left(-\dfrac{11\pi}{6}\right)$;　④ $\cos(672°)$.

设计意图:将确定三角函数值的符号与求三角函数值这两个问题结合在一起,通过应用公式一解决问题,让学生熟悉和记忆公式一,并进一步理解三角函数的概念.

师生活动:先完成第(1)小题,再通过改变函数名称和角,逐步完成其他各小题.

(4)小结.

问题9 锐角的三角函数与解直角三角形直接相关,初中我们是利用直角三角形边的比值来表示其锐角的三角函数.通过今天的学习,我们知道任意角的三角函数虽然是锐角三角函数的推广,但它与解直角三角形已经没有什么关系了.我们是利用单位圆来定义任意角的三角函数的.借助直角坐标系中的单位圆,我们建立了角的变化与单位圆上点的变化之间的对应关系,进而利用单位圆上点的坐标或坐标的比值来表示圆心角的三角函数.请回顾一下我们是如何借助单位圆给出任意角三角函数的定义.

设计意图:回顾和总结这节课的主要内容.

师生活动:在学生给出定义之后,教师进一步强调用单位圆定义三角函数的优点.

问题10 这节课我们不仅学习了任意角三角函数的定义,还接触了定义的一些应用.你能不能归纳一下,这节课我们利用定义解决了哪些问题?

设计意图:回顾和总结三角函数的定义在这节课中的应用.

师生活动:在学生回顾与总结的基础上,教师有意识地引导学生体会三角函数定义的应用过程中所蕴含的数形结合思想.

高中讨论的是任意角三角函数的定义,主要以直角坐标系中点的坐标为研究工具.因此,点的坐标并不是三角函数定义中最本质的东西,最本质的是"比"的关系,直角坐标系只是研究任意角三角函数定义的工具.既然直角坐标系只是研究的工具,那么单位圆也只能算是研究的工具而已.

根据上述可以得出结论:采用终边坐标定义任意角的三角函数(称为终边坐标定义法,它允许圆的半径任意长,而非单位长,实质是采用比值定义)符合三角函数形成与发展的历史,而采用单位圆定义任意角的三角函数(称为单位圆定义法)只是为了简化定义和给出三角函数的几何表示,不利于学生把握任意角三角函数定义的本质.

很显然,单位圆定义法只是终边坐标定义法的特例,学生只要掌握了终边坐标定义法的一般结论,自然可以得到 $r=1$ 时对应的单位圆定义法的结论.

同时,终边坐标定义法更利于与初、高中三角函数知识的衔接,有利于开展由旧知引出新知的教学.此外,从整体上考查三角函数单元的教学内容可以发现,引进任意角三角函数的单位圆定义,其目的是为了给三角函数诱导公式的讨论带来方便.

因此,从知识发生发展历史的视角考查,在任意角三角函数的教学不宜过早地引入单位圆定义法,而是应该在学生掌握了任意角三角函数的终边坐标定义法之后,再借助单位圆定义法帮助学生理解终边坐标定义法.这样做,不仅符合数学知识的发生发展历程,而且更便于学生认识到三角函数的数学本质.如果在教学中先给出任意角三角函数的单位圆定义,或者同时给出这二者,其合理性都是有待商榷的.